空から見た　世界の食料生産

人口爆発、気候変動、そして「食」の未来

バリ島では米は神々からの贈り物と信じられており、農民たちは一年を通じてこの作物を精巧な棚田で栽培している。棚田は島の活火山のひとつであるアグン山の斜面から階段のように下っている。灌漑作物に必要な水は「スバック」と呼ばれる協同分配システムによって供給され、この方式は11世紀以来、島の農業と宗教生活の中心的な役割を果たしている。泉や運河からの水は、棚田に分配される前に水の寺院を通る。これは神々、人間同士、そして自然との調和を促すバリの哲学「トリ・ヒタ・カラナ」の体現である。撮影：2022年7月

空から見た
世界の食料生産
人口爆発、気候変動、そして「食」の未来
写真＝ジョージ・スタインメッツ　文＝ジョエル・K・ボーン・ジュニア
序文＝マイケル・ポーラン　訳＝樋口健二郎
FEED THE PLANET
A Photographic Journey to the World's Food
George Steinmetz
Text by Joel K. Bourne Jr.　Foreword by Michael Pollan
原書房

目次 CONTENTS

序文

マイケル・ポーラン

本書が答えようとしている問いは、これ以上ないほどシンプルだ。「私たちの食べ物はどこからやってくるのか？」これは、30年前に食料供給チェーンの仕組みについて書き始めたときから私自身を魅了してきた問いでもある。やがて気づいたのだが、この問いは非常に現代的なものだ。ほんの少し前の世界であれば、ジャーナリストによる究明は必要なかった。当時の人々は自分の食べ物がどこからやってくるのかを正確に知っていた。自分自身が農家であるか、地域の農家や食料生産者から直接購入していたからだ。スパイスや柑橘類のような少数の珍しいものを除けば、人類を支える食料供給チェーンは短く、ほぼ透明だった。

だが今は違う。チェーンは世界中に広がり、陸や海を根本から作り替えている。その姿は美しくもあるが、恐ろしくもある。コストコのパーティー・プレートに盛られたエビについて考えてみてほしい。本書からわかるように、そのエビはインドのベンガル湾近くの人工ラグーンで短い生涯を送り、日給8ドルで働く若いインド人女性によって殻がむかれる。しかし、エビの背景にある物語はさらに地球の隅々まで広がっている。エビを育てるために、ペルー沿岸で漁獲されたカタクチイワシから作られた魚粉や、ブラジルの大豆が使われる。それは、食欲旺盛な人類が、かつてアマゾンの密林が広がっていた土地を木のない大豆畑に変えて生産したものだ。本書で語られる物語に無関係な人間は誰ひとりとしていない。

トウモロコシと大豆畑
（ペンシルベニア州ランカスター郡、撮影：2021年9月）

養魚池と水田
（インド、マンプル州、撮影：2021年10月）

『空から見た　世界の食料生産』は大胆な調査ジャーナリズム作品であり、アグリビジネス業界が隠したがっている光景を見せてくれる。事実、ジョージ・スタインメッツは10万頭の牛がいる巨大な肥育場をパラグライダーから撮影したことで、カンザス州フィニー郡の刑務所に勾留された。彼はそこで、農業が盛んな一部の州では、合法的な場所からであっても肥育場の写真を撮ることを禁じる法律があることを知った。ハンバーガーがどこから来るのかを見せるために法に逆らわなくてはならないなど、誰に想像できただろうか？

だが誤解はしてほしくない。『空から見た　世界の食料生産』は単なる暴露本ではなく、息をのむほど素晴らしい芸術作品でもあるのだ。スタインメッツの写真で私が最も驚かされたのは、その美しさだった。伝統的な農業の形態を記録した写真はことさらだ。まるで手縫いのキルトのような、中国の緑豊かな山肌に広がる棚田。インドの太陽の下で乾燥のために広げられた真っ赤な唐辛子の山々。ポーランドのスウォショヴァやフランスのストラスブールの家庭菜園の圧倒的な豊かさと多様性。さらには、現代産業ならではのあり得ないような規模の農業を捉えた写真にさえ、人間が変えてしまった景観の中に美しさを感じることができる。自然の乱雑さを抑えるために描かれた規則正しい線の中にも、美が映し出されているのだ。

スタインメッツは、農業の神秘的な美しさを見抜く鋭い目を持っている——それは、人類が自らを養うために自然の中に描き出した模様や色彩、視覚的なリズムの中に、卓越した美を見出す能力だ。私たち人類は、農業という行為を通じて、他のどんな活動よりも自然を大きく変容させてきた。ロマン主義者や多くの環境活動家たちは、これを悲劇として捉え、自然の理想的な姿からの堕落と見なすかもしれない。しかし、徹底的に開墾された景観にも私たちの感情を揺さぶる力がある。そして本書には、それらの景観がもたらす美的な喜びだけでなく、種としての人類の営みと創意工夫に心を打たれる瞬間がちりばめられている。

さあ、宴の始まりだ。

はじめに
世界を養う
ジョエル・K・ボーン・ジュニア

私たち人類と地球上の無数の生き物とは、特にひとつの能力が際立って違っている。それは道具を生み出したり、仲間を宇宙に送り出したりする力ではない。むしろ、それらを可能にしているのもこの力だと言える。つまり、自ら食料を生産するという、世界を根本的に変えた驚くべき力だ。歴史的に見て、人類がこの能力を手にしたのはそれほど昔ではない。700万年から600万年前に二足歩行を始めてから、現在に至るまでの99.85%の期間にわたり、人類は他の雑食動物と同じようにアフリカの平原をさまよって食料を手に入れていた。捕まえられる時は小動物を捕まえながら、食べごろのナッツやベリー、根菜や種子を採集していた。200万年前に石器作りを始め、100万年前に料理の喜び——たとえばじっくり炙ったマストドン——を発見した後でさえ、人口は比較的少なく、小さなトカゲから巨大なシロナガスクジラまでの生き物と同様に緩やかなS字曲線を描いて変動していた。人類の数は食料が豊富な時は増え、不足した時には（ある時は劇的に）減少した。

約1万2000年前に人類がどのようにして農耕を始めたのか、また近東の人々が種を食べるのではなく植えるようになった環境的または社会的な要因について、人類学者たちの意見は分かれている。しかし、その後に何が起こったのかは明らかだ。初期の農耕民でさえ、ヒトツブコムギやワイルドライスを栽培することで、狩猟採集と比べて50倍もの人々を養うことができた。人類は定住し、農耕を始めた。家族が集まって村になり、村は町になり、町は食料の貿易で結びつき、やがて王国となった。収穫物を簡素な穀倉に安全に保管し、水を手で掘った井戸（最古の人工構造物のひとつ）から供給することで、人類は日々の食料や飲み水を探し求める必要がなくなった。農業が進歩——灌漑、水田、動物の家畜化——する度に人口は増加し、爆発的に増えることもあった。人類学者たちは、人類の進化における影響という点で、農業の発展が二足歩行に並ぶほど重要だったと考えている。最初の農耕民がドングリを集めることにうんざりし、種をまいて収穫しようと思わなかったなら、私たちはベートーヴェンの『交響曲第5番』を耳にすることも、『怒りの葡萄』を読むこともなかったかもしれない。かつて私が教わった土壌学の教授が何度も言っていたように、「農業なくして文化なし!」だ。

ジョージ・スタインメッツの写真を見れば明らかなように、人類はメソポタミアの時代から大きく進歩した。農業は今や地球全体で営まれる巨大なビジネスであり、居住可能な土地のおよそ半分が農地として使われている。利用可能な水の70%を消費し、食品の加工、貿易、配送システムを合わせると、世界のエネルギー使用量の3分の1近くを占めている。その大半は化石燃料を燃やすことで生み出される。作物のためにあまりにも大量の地下水を汲み上げたことで、地球の

大豆の収穫
（ブラジル、ピラティニ大農場、撮影：2022年4月）

軸が80センチ東に移動したほどだ。また、灌漑のために多くの川を堰き止めて貯水池にした結果、地球の自転速度を遅らせ、1日が0.06ミリ秒延びた。さらに、あまりにも多くの森林、草原、湿地を切り開き、排水し、耕し、作物を植えたので、ハーバード大学の生物学者だったE・O・ウィルソンが「6回目の大量絶滅」と称した事態を引き起こしている。その規模は、約6600万年前に地球上の種の75%を絶滅させた小惑星の衝突と同等だ。

スタインメッツは過去10年間、南極を除くすべての大陸で、世界中の食料生産システムの美しさと課題を精力的に撮影してきた。その範囲は巨大食品企業から、今なお世界の食料の3分の1を生産している小規模農家にまで及ぶ。彼は時には風に揺られるパラグライダーに乗り、また最近では最先端のドローンを飛ばして、地表に整然と並ぶ作物や家畜の列を空から見せてくれる。またある時は、私たちの日々の食卓を支える人々を接写する。カシューナッツの殻で黒ずんだインドの女性の手。若い牛と格闘するオーストラリアの牧場労働者の汗と埃にまみれたたくましい前腕。サラダにぴったりのセロリを収穫しながら“ナタの舞”を披露する、ヘアネット姿の農場労働者たち。地球物理学を学んだスタインメッツは農業の芸術性と科学の両方に目を向け、ヨーロッパに向けて野菜を大量に栽培するスペインやオランダの温室から、中世より伝わるレシピに従ってパルミジャーノ・レッジャーノの巨大なチーズが完璧に熟成されるイタリアのチーズ倉庫までを撮影してきた。

本書は、食料を生産するために人類が発揮してきた卓越した創意工夫の記録だ。それは、栄養を摂る必要性だけでなく、砂糖やコーヒー、食べ物を美味しくする香辛料などへの嗜好にも突き動かされてきた。また本書の写真は、人類が自らを養うことに失敗した歴史上の試練も映し出している。人類が少数の作物に依存しすぎたため、土壌の劣化、洪水や冷害、干ばつによってしばしば深刻な飢饉が発生し、当時の偉大な文明のいくつかは崩壊に至った。歴史家たちは、気候変動や不作、疫病が紀元前21世紀の古代エジプトの王国、紀元5世紀のローマ帝国、紀元9世紀のマヤ帝国の崩壊、さらには14世紀にヨーロッパの人口の3分の1を消し去った黒死病の原因になったと考えている。UCLAの教授、著名な作家で『文明崩壊　滅亡と存続の命運を分けるもの』の著者でもあるジャレド・ダイアモンドは、それがもたらしたあらゆる厄災を考えれば、農業は“人類史上最大の過ち”だったと書いている。

幸運なことに、増え続ける人口を養うという重圧は災難だけでなく、世界を変える科学的・技術的進歩ももたらした。1790年代、数学に秀でたイギリスの聖職者トマス・ロバート・マルサスは、啓蒙時代の理想主義者たちを意気消沈させた。マルサスは抑制されない人口は指数関数的に増加する（2、4、16……）が、食料生産は算術的にしか増えない（1、2、3……）ため、貧困層を中心とした人口抑制策が常に必要であると主張したのだ。彼は死亡率を増加させる要因と出生率を減少させる要因の両方を挙げ、これが神の計画の一環であり、人々に勤勉さや労働を促し、多くの悪徳を避けさせる“宿命の鞭”だと考えていた。すべての抑制策に失敗すれば、「巨大で避けられない飢饉が背後に忍び寄り、一撃で人口は世界の食料と釣り合うように激減するだろう」と、マルサスは書いている。このような過激な表現によって、マルサスは当時最も嫌われた科学者の一人となった。借金を返済できないために父親が監獄へ送られたチャールズ・ディケンズでさえ、スクルージという冷酷なマルサス主義者をつくり出すことで彼に反論した。それにもかかわらず、マルサスは非常に大きな影響力を持ち続けた。イギリスで初の政治経済学教授となり、人口を研究する新しい学問である人口論の父ともなった。また、ジョン・スチュアート・ミルやジョン・メイナード・ケインズといった思想家に大きな影響を与え、彼らは国民の幸福と福祉を促進するという政府の役割を再定義した。チャールズ・ダーウィンやアルフレッド・ラッセル・ウォレスも、マルサスの人口論が種の進化を理解する手助けになったと述べている。

しかし、食料生産量が算術的にしか増えないというマルサスの予測は、大きく誤っていた。彼が食料供給の制限による抑制策を説いていたまさにその頃、イギリスの豪農たちは革新的な進歩を起こそうとしていた。家畜の繁殖家は成長の早い羊の品種を開発し、農民たちは厩舎や牛舎から肥料を集めて畑に撒き、アルファルファ、エンドウ、カブのようなマメ科作物を使った輪作を試みて痩せた土壌を奇跡的に回復させた。馬が引く新しい鋤や鍬、農学者のジェスロ・タルが発明した種まき機は、労働を楽にし、効率を上げ、より多くの土地を耕すことを可能にした。1750年から1850年にかけて、イギリスは十分な食料を生産または輸入し、570万人から1660万人へとほぼ3倍に増えた人口を支えた。さらに重要なのは、新しい農業機械によって仕事を失った多くの土地を持たない農民が職を求めて街に移動し、まもなく始まる産業革命の下地を作ったこと

コロワイ族の狩猟者（ニューギニア、撮影：1995年6月）

米農家（中国、紅河ハニ棚田、撮影：2017年4月）

である。蒸気機関が、そして後には石炭やガスを燃料とするエンジンが鋤や脱穀機、工場に導入されると、食料生産や人口増加に限界はないかのように思われた。

だがそれはやってきた。1900年代初頭、ヨーロッパには再び飢饉が迫っていた。イギリスの王立協会の会長だった化学者サー・ウィリアム・クルックスは、当時の主要な窒素肥料のグアノの枯渇が進み、まもなく小麦が収穫できなくなるだろうと予測した。しかし10年もせず、ドイツの化学者カール・ボッシュとフリッツ・ハーバーが空気から窒素を合成する手法を開発し、理論的には無限に窒素を供給できるようになった。高温・高圧下で天然ガスを原料として用い、空気中の78%を占める窒素を抽出したのだ。この発見が人口に与えた影響はとてつもなく大きい。研究者たちは、現在の人口の半分、つまり約40億人は、ハーバー・ボッシュ法による窒素肥料がなければ生きられないだろうと推定している。

それから50年後、二度の世界大戦が起こり、20世紀の飢饉で約1億8000万人の命が奪われたにもかかわらず、世界は再び人口問題に直面していた。公衆衛生と医療の進歩によって乳児死亡率が劇的に低下し、世界中で寿命が延びたため、かつてない規模の人口爆発が引き起こされたのだ。1960年代には、アジアやアフリカで飢饉と飢餓が広がり、世界の約3分の1の人々が栄養不足に陥っていた。"新マルサス主義者"たちは世界的な飢饉が起こると予測し、中には食料援助の対象国を絞るべきだと主張する者もいた。

救ったのはやはり科学と技術だ。今回の救世主はアイオワ出身の率直な物言いの植物病理学者であり、小麦の育種家でもあるノーマン・ボーローグだった。ロックフェラー財団は1945年にボーローグをメキシコに派遣し、壊滅的な真菌であるサビ病に強い小麦品種を開発するよう依頼した。ボーローグは世界各地の品種を交配させ、メキシコ国内の全く異なるふたつの気候帯で栽培することで、丈夫で高収量のサビ病耐性小麦を開発した。この小麦は10年以内にメキシコでサビ病を克服し、国内の小麦収穫量は4倍になり、メキシコは小麦を自給できるようになった。

しかし、彼はそこで止まらなかった。新しい品種は穂が非常に重かったため、倒れてしまうこともあった。そこでボーローグは、日本の矮性小麦を使い、1961年に短茎の小麦を開発した。この小麦に十分な肥料、農薬、水を与えることで、収穫量はさらに3倍になった。フィリピンの国際稲研究所の育種家たちもボーローグの手法に倣い、数年後には米でも同様の結果を達成した。こうして起こったのが「緑の革命」だ。

緑の革命が現在の世界に与えた影響はこの上なく大きい。歴史的に飢饉や栄養不足に苦しんできたアジアでは、1970年から1995年にかけて1人あたりのカロリー摂取量が3分の1近く増加し、実質所得はほぼ2倍になった。広大な単一栽培の農地が安価な小麦、米、トウモロコシなどの主食を大量に生産し、世界中の人々が果物、野菜、油、畜産物などの多様な食事を口にできるようになった。経済学者ジェフリー・サックスは、緑の革命がアジアを製造業の中心に成長させた要因であると考察している。1世紀以上前に農業の力がイギリスを産業革命へと導いたのと同じだ。さらに、多くの国で小規模な家族経営の農場が、今日の世界の大部分を占める大規模な産業的農業へと変わった。また、約5000万から7500万エーカーの自然が耕作されずに守られた。皮肉なことに、食料生産量が劇的に増加する一方で、食料を生産する人々の数は減少した。私の父が生まれた1920年代半ばには、アメリカ人の約3分の1が農業に従事していたが、現在では2%にも満たない。豊かになったことで世界は都市化が進み、一般的な都市住民にとって生産農業は身近なものではなくなってしまった。

パイナップルの収穫(スマトラ島、撮影:2022年7月)

小麦の収穫(カザフスタン、タラズ、撮影:2020年7月)

ノーマン・ボーローグは、1970年にその功績によってノーベル平和賞を受賞した。彼はこの賞を受けた唯一の農業科学者であり、緑の革命に貢献したすべての研究者や農業従事者を代表して賞を受け取った。しかし、授賞式のスピーチでボーローグは世界に警告した。たとえ新しい農業が完全に導入されても、人類に十分な食料を与えられるのは30年にすぎないと述べたのだ。「人類の恐ろしいほどの繁殖力も抑制されなければならない。さもなければ、緑の革命の成功は一時的なものにすぎないだろう」ボーローグはそう語った。

ボーローグが予測したように、現在私たちは再び転換点に立たされている。彼の不吉な警告から30年後、研究者たちによれば、人口増加にほぼ追いついていた小麦や米の収穫量の成長は頭打ちになろうとしている。2008年から2012年にかけての食料価格危機は世界を揺るがし、いくつかの国では食料暴動が起こり、政府が失墜し、「アラブの春」の引き金となった。気候変動によって引き起こされる干ばつ、熱波、洪水が、アメリカ中西部から中国北部平原までの穀倉地帯に大きな被害をもたらしているし、緑の革命を支えた地下水層も枯渇しつつある。一方で、1961年にボーローグが短茎の小麦を開発した時から、世界人口は30億人から80億人以上に増加した。現在では約10億人が栄養失調に苦しみ、30億人が不十分な食事のせいで栄養が足りていない。

最大の農業生産性の飛躍から60年が経過し、私たちは再び出発点に戻ってしまったかのようだ。研究者たちは、世界に十分な食料を供給するためには、2050年までに60〜70%の食料増産が必要だと指摘している。しかも、より少ない土地、農業従事者、水、そして高温の環境下で、頻発する干ばつや洪水、熱波が農地を襲う中で実現させなければならない。さらに、生命を支える森や海、土壌、花粉を媒介する虫や鳥、そして気候をこれ以上破壊するわけにはいかない。これは、人類が直面した中で間違いなく最大の難題である。気候研究者の最新の予測によると、地球の気温上昇を安全とされる2度以内に抑えることは難しく、3度以上の上昇も十分にあり得る。もし産業革命前の水準より4度上昇すれば、現在の農地の半分で作物を育てることができなくなるという。

多くの兆候が農業的破滅への道を示しているかのようだが、良いニュースもある。数十年にわたり基礎的な農業研究への投資が減少していた――食料戦争は勝利に終わったと思われていたのだ――が、再び公的および民間の資金が食料・農業分野に注ぎ込まれている。CRISPR/Cas9を用いた遺伝子編集技術や、異種の遺伝子を導入するトランスジェニック技術のおかげで、ボーローグが夢にも思わなかった新しい品種を迅速に作り出すことが可能になった。すでに新世代の育種家たちが洪水や熱波、干ばつに強い作物の開発に取り組んでおり、多くのスタートアップ企業が、地球や他の生物に優しいバイオ農薬や肥料の開発を進めている。稲作の研究者たちは、稲の代謝経路を変えて、トウモロコシやサトウキビのような光合成効率の高いC4植物に転換しようとしている。成功すれば、稲の収量が50%以上増加し、稲に依存する地域の将来の需要を満たすことができるかもしれない。また、より正確で無駄の少ない灌漑により、地下水の使用を減らす方法もわかってきている。海では適切な漁業管理と戦略的な海洋保護区によって天然魚の資源が再生されつつあり、養殖業者は産業をより持続可能なものにしようと努力している。さらに未来を見据えれば、土壌科学者たちは、土壌に撒いて炭素を捕捉・貯蔵できる土壌改良材の開発に取り組んでいる。もしこれが成功すれば、地球上の居住可能な土地の40%を炭素源から炭素吸収源に変え、化石燃料の燃焼によって大気中に放出された二酸化炭素の大部分

育種実験（インド、ICRISAT、撮影：2021年10月）

小学校の朝食（中国、曲界、撮影：2017年3月）

世界最大のコストコの食品売り場
（ユタ州、ソルトレイクシティ、撮影：2016年8月）

を土壌に戻すことができる可能性がある。

需要の面でも変化が見られる。世界ではすでに、地球上のすべての人々に健康的で栄養豊富な、野菜中心の食事を提供できるだけの食料が生産されている。英国の著名な医学誌『ランセット』は、地球と人間の健康に良いとされる食事プランを発表した。言うまでもなく、野菜、果物、食物繊維が豊富で、二酸化炭素排出量が最も高い赤身肉や乳製品がかなり少ない内容だ。現在、耕作可能な土地の約40%が家畜の飼料の生産に充てられている。私たちが肉や乳製品の消費を減らせば、その土地の多くは健康的な主食や野菜を栽培するために利用できる。また、電気自動車がさらに普及すれば、現在バイオ燃料に使用されている大量の作物（アメリカの年間トウモロコシ収穫量の50%、ヨーロッパの菜種収穫量の60%など）を家畜や人間の食料として利用できる。

おそらく最も重要なのは、出生率が低下し続け、すでに多くの地域で1家族あたり子ども約2人という人口置換水準に達していることだ。開発機関によれば、避妊手段と家族計画サービスの利用が増え、教育や経済的なチャンスが提供されるほど、女性の出産数は少なくなる。2100年までに世界人口が100億や110億人に達することはまずないだろう。女性を取り巻く社会環境の大きな変化を考慮すれば、今世紀半ばに90億人で止まり、2100年には現在の水準に戻ることもあり得る。

私たちの前には、食料を維持するためのふたつの道が延びている。ひとつ目の道は、ジョージ・スタインメッツの写真に鮮明に写し出されている。大規模な農業、少数の農業従事者で、使える技術をすべて駆使して生産を強化し、耕作可能な土地をすべて開拓する。だが、やがて熱帯雨林は消え、地下水は汲み上げ尽くされ、とれる魚はいなくなるだろう。ますます都市化する人類は農業から遠く離れた暮らしを送り、想像もできないほど巨大なグローバル企業が提供する超加工食品に頼るようになる。それも、農業によって排出される二酸化炭素で気候が変動し、作物を育てられなくなればおしまいだ。

本書にはもうひとつの道も示されている。それは、食品に対する意識がますます高まる消費者が進もうとしている道だ。彼らが選ぶのは栄養が多く、農薬が少なく、家畜にも地球にも優しい食品。赤身肉や乳製品、その他のエネルギー消費量の多い食品への需要を減らし続ければ、アマゾンの森林を伐採し尽くしたり、パーム油のためにインドネシアの熱帯雨林を破壊したり、養殖エビのためにマングローブを犠牲にしたりする必要はなくなるかもしれない。

本書の写真は、世界規模の農業の巨大な力と、私たちの食べるものがどのようにやってくるのかを明らかにする。牛肉1ポンド、ニンジン1本、パイナップル1個、スーパーのカートに入るシリアル1箱の背後にある光景を映し出しているのだ。マルサスが言った“宿命の鞭”が今、私たちの背中に迫っている。しかし、私たちには道具がある。技術もある。あとは、地球の健康を取り戻すための食べ方を考えるだけだ。

1

穀物と主食

世界には食べられる植物が5万種もあるが、たったの3種——小麦、米、トウモロコシ——が、人類の消費カロリーの50%を占めている。この驚くべき数字は、ここに大豆を加え、さらに家畜の飼料としての間接的なカロリーを含めるとさらに大きくなる。大麦、モロコシ、キビなどがこれらの主食を補い、ジャガイモやテフといった人気の作物も重要なカロリー源となっている。これら主要な穀物が私たちの食事でこれほど大きな役割を果たしているのは、1エーカーあたりのカロリー生産量が非常に高く、しばしば政府によって補助されているためである。果物や野菜ほど栄養価は高くないものの、安価で腹持ちの良い食品なのだ。その結果、人類はアメリカやカナダの大草原から、ロシア、ウクライナ、カザフスタンのステップ、インドと中国に広がる長大なインダス川や長江流域まで、地球上の広大な土地をこれらの作物の農地に変えてきた。近年では、ブラジルとアルゼンチンの熱帯雨林やサバンナの何百万エーカーもの土地が、豚や家禽、養殖魚の飼料となる大豆の農地に姿を変えた。

しかし、人間はパンだけでは生きていけない。他にも毎日の生活に欠かせないいくつかの嗜好品を見つけてきた。エチオピア発祥の古代の飲み物であるコーヒーや、中国で発見され、イギリス帝国全体を魅了したお茶は、ベッドから起き出して一日の仕事をこなすための活力を与えてくれる。また、砂糖、塩、胡椒や、刺激的な種々のスパイスなしで生きていくことはできそうにない。これらの調味料は小麦、米、トウモロコシ料理の単調さに素晴らしい風味を与え、舌や鼻を心地よく刺激してくれる。香辛料貿易は主要穀物の栽培と同じくらい重要な出来事だった。人間が旅に出るきっかけとなり、世界の多くの場所で探索や植民地化が進められ、世界中の人の生活を大きく変えた。

もちろん、食料をごく少数の作物に頼るリスクは、1800年代のアイルランドが証明している。当時、アイルランドはカロリー摂取量の大部分を1種類のジャガイモに依存していたが、結果は悲惨なものだった。現在、世界全体がアイルランドであり、小麦、米、トウモロコシがジャガイモだと想像してみてほしい。長らく、食料需要の主な要因は人口増加だった。人口が増えるほど、それを養うために必要な穀物も増える。20世紀の終わりまでは収穫量の増加がおおむね追いついていた。しかし2000年頃、農業研究者たちは小麦と米の収穫量が頭打ちになり、トウモロコシの収穫量も減速し始めたことに気づいた。一方で人口は容赦なく増え続けている。一部の研究者によれば、全人口に十分な食料を確保するには2050年までに食料生産量を60〜70%増やす必要があり、その大部分が穀物でなければならないという。穀物の栽培に必要な条件は何千年もの間変わっていない。肥沃な土壌、十分な水、生長に適した気候だ。しかし、これらの重要な要素はいずれも達成が難しくなっている。人類は大量の穀物を生産することに非常に長けている。それでも、現在の主食で2050年まで世界を養うことは、これまでに直面したことのない最大の課題のひとつとなるだろう。

小麦畑(ルワンダ、ヴィルンガ山地、撮影:2005年2月)

VEICULOS
MAN
12

「拡大するか、撤退するか（Get Big or Get Out）」――1970年代にアメリカ農務長官アール・バッツが唱えたスローガンだ。数十年後、ブラジルの農家たちはそれを忠実に守った。バイーア州南部にある約254㎢のピラティニ大農場（SLCアグリコラ社所有）で、何百万ドルもするコンバイン・ハーベスターの隊列が大豆を収穫し、トラックに積み込んでいる**（左）**。豚や家禽の主な飼料であり、料理油としても使用される油用種子の需要が高まったことにより、ブラジルの大豆生産量は1985年以降9倍に増加した。ピラティニ大農場は、過去20年間に原生の森林サバンナ“セラード”や森林を耕してつくられた大規模農場のひとつ。世界最大級の二国間貿易の一端である中国の上海から長江を少し遡った場所にある東海糧油工業の埠頭では、シートで覆われた船から南米産の大豆が巨大クレーンで陸揚げされている**（上）**。大豆は紀元前1100年頃に中国の農民によって初めて栽培され、それ以来中国で重要な食材となっている。料理油や豆腐、醤油の原料となるだけでなく、同国が世界の半分を飼育する豚の飼料となってきた。かつて中国は大豆を自給自足していたが、今では十分な量を生産することができず、世界最大の大豆輸入国となっている。撮影：2022年4月（ブラジル）/2016年6月（中国）

カンザス州スコットシティ近くにあるヴルガモア・ファミリーファームでは、2週間にわたる小麦の収穫期間中は午前6時30分に仕事が始まり、午前9時から午後11時までコンバインが稼働する**（左）**。この地域で農業を営むヴルガモア家の第5世代に当たる12歳のパーカー・ヴルガモアを含め、全員が作業に参加する**（上）**。この小さな町はほぼ西経100度線上に位置している。西経100度線は1878年に探検家ジョン・ウェズリー・パウエルによって有名になり、農業に向く湿潤な東部アメリカと、農業に適さない乾燥した西部を分ける境界線と見なされた。開拓者や政治家たちはパウエルの警告を無視し、未開の草原を耕して、国内の小麦粉の大半を供給する冬小麦の主要生産地を築いた。「この辺りの乾燥した気候と朝方の湿気は、冬小麦にとって理想的です」農家のブライアン・ヴルガモアはそう語る。彼は、厳しい干ばつの年に土壌の水分を保持し、侵食を防ぐために、不耕起栽培で乾燥地向けの小麦を栽培している。2022年の生育期は1895年以来最も乾燥した年で、降雨量はわずか20センチほどだった。これは砂漠と同等の水準だ。カンザス州西部の多くの農家は、地下にあるオガララ帯水層の水の使用量を減らしながら作物を育てる方法を学んでいる。オガララ帯水層は1930年代に大規模な灌漑が始まって以来、水量が3分の2まで減少した。撮影：2013年6月

中国北部の黄土高原に広がる複雑な段々畑。その面積はフランスやタイの国土より広く、大部分は手作業で掘られたものだ（**上**）。1950年代、土壌侵食が世界一深刻だったこの地域で細かい風成土の侵食を抑えるために段々畑が掘られた。当時、乏しい収穫量と極度の貧困に苦しむ5000万の人がこの地域に住んでいた。近年、段々畑は重機によってより広く、平らで、農機が入りやすいように改良された。作物の種類も、小麦から、より収穫性の高いトウモロコシや果樹に移行している。この写真が撮影された2016年当時、侵食の大部分は抑えられていたが、農業はまだ手作業で行われていた（**左**）。中国は世界の人口の約20%を抱えているが、耕作可能な土地は9%に満たず、食料供給に課題を抱えている。中国の耕作地の約3分の1は段々畑だ。撮影：2016年7月

アイオワ州ランシングの近くで5代続くフレンチ・クリーク有機農場で、カーブを描くように栽培されるトウモロコシ、オーツ、干し草。レパート家は1970年代から354エーカーの土地で化学肥料や農薬を使わない農業に取り組み、侵食防止と土壌の改善を目指している。1990年の有機食品生産法の成立後、アメリカでは有機農場の数が急増した。2021年には、1万7000以上の有機農場や牧場が、112億ドル相当の認証有機農産物を生産している。有機穀物の平均収穫量は従来型の穀物よりも低くなる傾向にあるが、消費者は認証済みの有機食品に高い金額を支払うため、農家にとっては利益が増える場合がある。撮影：2015年10月

ペンシルベニア州ランカスター郡に住むアーミッシュのキング一家は、宗教上の理由からトラクターやコンバインを使わずに飼料用の有機コーン・サイレージを収穫する（**左**）。隣人は畑に肥やしを撒いている（**上**）。昔ながらの方法で、数頭のラバを使って一度に1列ずつ作業する。このやり方では1日に4エーカーしか収穫できないものの、アーミッシュは近隣の近代的な有機農家と同じ量を収穫している。国内で最も生産性の高い非灌漑農業地だと主張するランカスター郡では、農業が宗教のように尊重される。都市化が進む世界で、このような農業の美学と文化への献身は観光客を惹きつけ、毎年約700万人が訪れて農村生活の食事と魅力を体験する。撮影：2021年9月

左：エチオピアの東アルシ地方にある、オロミア・シード・エンタープライズ社のロレ農場（政府所有の種子農場）で、実験的な品種の大麦を収穫する労働者たち。エチオピアはコーヒーで名高いが、この地域では5000年以上前から大麦が栽培されており、「ゲブス・イェ・エヒル・ニグス（作物の王様）」と呼ばれている。大麦は、キタ（フラットブレッド）やコロ（焙煎した大麦のお菓子）、ビールなど、伝統的な料理や飲み物の重要な材料であり、エチオピアの経済・社会にとって重要な役割を果たしているからだ。政府は、エチオピアの農業生産高の最大95%を担う小規模農家に高収量の品種を配布することで、貧困と食料不安の緩和を目指している。しかし、長引く干ばつと内戦により、2023年には2000万人以上が食料支援を必要としていた。撮影：2020年11月

上：インド北部の標高4200メートルにあるフォトックザー村で、ラダック地方の農家が大麦を脱穀するヤクに歌いかけ、子供たちは宿題をしている。主食である大麦は6月から8月までの短い期間に生育され、世界最高峰のヒマラヤ山脈やカラコルム山脈を覆う氷河から手掘りの水路で灌漑される。北極と南極に次ぐ「第三の極」とも呼ばれるこの地域では、気候変動により氷河が解けており、インドや中国、南アジアの主要な穀倉地帯を潤す河川の重要な水源が脅かされている。フォトックザー村では他にも大きな変化があった。2020年、ついに村に電気が通ったのだ。撮影：2011年10月

ドイツのヴォルンザッハ近郊で、ヘラクレス・ホップを収穫中**（左）**。世界のビールの約3分の1は、醸造過程で苦味と複雑な風味を加えるためにドイツ産ホップを使用している。多年生のツル植物であるホップは、ミュンヘンから車で1時間ほど北に位置する特定の気候条件を持つ地域でよく育ち、毎春約7メートルのワイヤー製の棚を這うように生育される。香り高い円錐形の花にある、ビールの風味を生み出すルプリン腺は夏の終わりに収穫され、ツルは運び出される**（上）**。約30年前、ドイツのヒュルにあるホップ研究所が高収量のヘラクレス品種を開発し、現在はこの品種がホップ市場を席巻している。だが、クラフトビールの人気と相まって、風味や香りの異なる、従来の病気に弱い品種のほうが高値で取引されている。撮影：2023年9月

標高約2400mの地、エチオピアのアムハラ高原で、村人たちは昔からの伝統行事を行っている――手作業で繊細なテフを収穫するのだ。このか細い作物は、6000年以上前からこの地域の農民によって栽培されてきた最古の穀物のひとつ。その価値の高さから、王たちが死後も飢えないようにエジプトのピラミッドに埋められていた。主にエチオピアで600万人の小規模農家によって栽培されているこの栄養豊富な穀物は、干ばつに見舞われ、食料不安に直面している「アフリカの角」地域で約5000万人の食事を支えている。ただ、非常に干ばつに強いが、収穫量は少ない。撮影：2020年12月

収穫後、テフは牛によって脱穀され(**上**)、その後、手作業で細かい種子がもみ殻から吹き分けられる(**右**)。白、濃い茶色、赤色の種子は粉に挽かれて、エチオピア料理の主食である酸味の利いたスポンジ状のフラットブレッド「インジェラ」の材料となる。テフは食物繊維、鉄分、アミノ酸が豊富で、さらにグルテンフリーであることから、健康食品ファンからはスーパーフードと呼ばれている。

エチオピア南部の高地にあるコンソ族の村は、テフ、キビ、トウモロコシを栽培する石積みの段々畑で囲まれ、まるで要塞のような佇まいを見せている。コンソ族の村は貯水池を建設・維持し、半乾燥気候に適応した農業技術を4世紀にわたって実践している。ブルッソ村**（右）**では、金属屋根の新しい家屋が、作物の保管庫や家畜小屋として使われる茅葺きのトゥクルと混在している。トゥクルのひとつには共同で使用される村の石臼があり、ディーゼルモーターで各家族が収穫した穀物を挽いている**（下）**。近年、干ばつによる不作に加え、段々畑の管理に必要な集団労働に対する意識の変化もあり、コンソ族の伝統的な土壌と水の保全が困難になってきている。撮影：2020年11月

ペルーのアルティプラノにあるチチカカ湖の大支流のひとつ、コアタ川の岸辺に沿って広がる、幅約10メートルの高床式農地。コロンブス到来以前の高床式農業の名残だ。標高3800メートルを超える高地では、冬が長く、夏の生育期は短い。農地は小さく、通常は1〜2エーカーしかない。高床式農地は湿地での作物栽培を可能にし、運河やチチカカ湖（世界で最も高地にある航行可能な湖）が熱を吸収するため、気温が安定する。この農法のおかげで、アイマラ族やケチュア族の農民たちは過去8000年にわたり、アンデス諸国の市民に十分な食料を供給することができた。現在栽培されている作物はオーツ麦（チチカカ湖を背景に収穫されている。**左**）、ジャガイモ、アルファルファ、小麦、キヌアなど。古代ペルーから伝わるキヌアは健康食品や商品農産物としての人気が高まり、ペルーの最貧地域のひとつに貴重な収入をもたらしている。撮影：2019年5月

見事な景観の中、ひとりの農家と水牛が田んぼを耕し、苗を植える準備をしている**(上)**。場所は中国の雲南省南部にある名高い紅河ハニ棚田。少数民族のハニ族によって約1300年前につくられたこの壮大な棚田は4つの県にまたがっており、総面積は700㎢を超える。そのうちの4分の1は、伝統的な稲作文化を称え、ユネスコ世界遺産に登録されている。近くの村の女性たちは、大きな棚田に移植するために苗を集めている。広い棚田では鯉が放され、アヒルが害虫駆除をして糞が肥料となる**(右)**。現代の中国農家には長い間避けられていた伝統的な稲・魚・アヒル共生型の稲作システムは、水、土壌、生物多様性を保全し、化学肥料や農薬の使用を減らすことができる持続可能な生産手段として再評価されつつある。しかし、この農法を実践するために必要な労働力を確保するのは難しい。1987年から2012年にかけて、中国の人口の半数以上がより高賃金の工場の仕事を求めて農村から都市へ移住し、高齢の農民だけが残されている。写真の棚田はアグリツーリズム(農業体験観光)のために維持されているが、付近の有名な棚田の多くは休耕中となっている。撮影:2017年4月

インドの穀倉地帯の中心であるパンジャーブ州アムリトサル近郊の畑で、稲株が燃える中、労働者たちが稲田を守るために防火帯をつくりつつコンバインの詰まりを直している。稲株は分解が遅く、次の作物の肥料にもならない。インドの大気汚染防止法では稲株の焼却は禁止されているが、罰金が科されることはほとんどないため、毎年9月から10月にかけて何万件もの稲株焼きが行われる。その結果、400キロメートル以上も離れたデリーにまで濃いスモッグと汚染した空気が運ばれることになる。インドの農民の大半は貧しく、所有する土地は5エーカーに満たない。団結力の強い農民組合は、冬季(インドでは「ラビ」と呼ばれる)に小麦を植える準備を速やかに進めることができないと主張している。ある農家がスタインメッツに語ったところでは、稲株を刈る農機の燃料よりもマッチのほうがずっと安く済むという。撮影:2021年11月

インド、とりわけ西ベンガル州では、米の生産に多くの工程がかかる。ここでは農家は年に2回米を栽培する。カルナにある精米所では、まず米を水に浸し、その後「パーボイル処理」と呼ばれる工程で蒸す。これにより米のひび割れを埋め、丈夫にする。次に「チャタル」と呼ばれる舗装された地面に広げ、天日で乾燥させてから精米と研磨が行われる。暑い中での過酷な作業の大半は女性によって行われており、撮影当時、彼女たちは日給268ルピー（約3.60米ドル）の最低賃金で働いていた。西ベンガル州は1943年に発生した前回のベンガル大飢饉の中心地。政治的、経済的、気象的な災害が同時に発生し、推定300万人が死亡したと言われている。だが、現在ではインドで最も米の生産性の高い地域のひとつ。年間1億3200万トンを超えるインドの米生産量に貢献している。今やインドは、群を抜いて世界最大の米輸出国となった。撮影：2021年11月

パンジャーブ州の農民たちはコットカプラの屋外穀物市場に米を持ち込み、そこで乾燥、風選、等級分けを行った後、政府の買い手に1ポンドあたり約12セントの固定価格で売却する**(左)**。インドの米作の約20%はインド食料公社に買い取られ、公社が貧困層に補助価格で配布する。パンジャーブ地方はインドにおける「緑の革命」の中心地であり、1970年代には高収量の種子、肥料、農薬、補助金による灌漑の導入によって、インドを穀物輸入国から穀物輸出国へと変貌させた。それでも、インドは依然として世界で最も食料が乏しい国のひとつであり、2億2000万人が栄養不足に陥り、出産可能な年齢の女性の半数が貧血に苦しんでいる。主な原因は貧困だ。収穫期になると、ビハール州やウッタル・プラデーシュ州の貧しい家族が、このジャンディアラ**(上)**のような穀物市場に押し寄せる。男性たちは日雇い労働者として米を運び、女性や子供、高齢者たちは落ちた米粒を拾い集める。撮影：2021年10月

毎年2月、中国南部の雲南省羅平県周辺の160㎢以上の土地が、菜の花畑の黄色い海に変わる。菜種はカラシナの仲間で、世界の食用油の13%以上の原料となっている。中国は毎年、世界の菜種の約20%を生産しているが、この植物の利用方法は食用油だけではない。茎は家屋の断熱材として使われ、毎年春に花が咲くと養蜂家たちは巣箱を持ち寄り、ミツバチにハチミツを作らせる。菜種はヨーロッパ原産で、第二次世界大戦中、特にカナダでは油の代替資源として栽培された。1978年、カナダ西部の油用種子加工業者は改良品種を「キャノーラ」として商標登録した。撮影：2007年3月

菜の花畑は、雲南省羅平県や、上海にほど近い江蘇省興化市千垛風景区に観光ブームをもたらしている。千垛では中国内外の観光客が真新しい仏塔のあるボート乗り場へ押し寄せ、“一万の島の王国”を巡る。この地域では、農家が「垛田」と呼ばれる、運河に挟まれた高床式の田畑に色鮮やかな菜の花を植えている。「積み重ねられた田んぼ」を意味する垛田の歴史は唐代(618～907年)に遡る。菜種の収穫後、高床式の畑には里芋が植えられる。この地域の灌漑システムは、2022年に世界灌漑施設遺産として登録された。撮影:2017年3月

見渡す限り、オリーブの木がスペインのアンダルシア地方の肥沃な平野から、世界のオリーブオイルの中心地であるハエン市の近くまで続いている。この地域には約4000万本のオリーブの木が点在し、詩人ホメロスが“黄金の液体”と称えたオリーブオイルで地域経済を支えている。大部分はピクアル種で、10メートル四方の格子状に植えられている。収穫期になると、機械が木を揺さぶり、大きな逆さまの傘のような網でオリーブを収穫する。スペインは古代ローマ帝国時代からオリーブオイルを生産しており、世界最大の生産国である。しかし、近年は気候変動による記録的な熱波の影響で国内の生産量はほぼ半減し、オリーブオイルの価格はここ数十年で最も高騰している。撮影：2022年10月（スペイン）／2022年11月（ポルトガル）

ポルトガル最大のオリーブオイル生産者であるソベナ社の畑ではオリーブがより密集して植えられ、生け垣のように見える(**上**)。2010年にモダンな製油所を建設した同社(**右**)はアレンテージョ地方で1000万本のオリーブの木を生育しており、その一部は有機認証を受けている。これらの木々に水を供給するのは、近くにある西ヨーロッパ最大の人造湖、アルケヴァ貯水池からの高効率な点滴灌漑システム。この地域は世界でも最高品質のオリーブオイルやワインを生産しており、ワインと同様、各オイルには"テロワール"(味わいの決め手となる土地の性質)があり、その風味は品種、土壌、農場ごとの気候条件により異なる。今では、オリーブオイルの生産現場では機械による収穫が一般的。人件費を削減できるだけでなく、収穫から搾油までの時間を短縮することで、オイルの風味がより濃厚になるためだ。撮影:2022年11月

燃えるサトウキビ畑が、コスタリカのグアナカステ州にある約60k㎡のタボガ農園の夜空を照らす**(上)**。世界中のサトウキビ農家が、収穫前夜に雑草やヘビ、クモを駆除するために従来からこの方法を使ってきた。その後、労働者たちがナタを持って畑に入り、手作業で茎を刈り取るのだ。タボガのような近代的な大規模農園でも、雑草を駆除して収穫機――トラック搭載の、スターウォーズに出てくるような機械**(左)**――が早く効率的に刈り取れるように畑に火をつけることがある。野焼きは大気汚染や呼吸器疾患の原因となるため、環境団体や労働組合は、コスタリカなどのサトウキビ栽培国の収穫方法に懸念を示している。撮影：2021年1月

サンパウロ州リベイラン・プレト近郊にある巨大なウジナ・ダ・ペドラ(石の工場)では、煙と蒸気を立ち上らせながら、収穫されたサトウキビが砂糖、エタノール、電力に変えられている**(右)**。エタノールはブラジルの輸送燃料のおよそ半分を占めており、国内で製造される車両はほぼフレックス燃料技術を採用しているため、エタノール、ガソリン、または混合燃料で走行できる。サトウキビ由来のエタノール生産は、トウモロコシ由来のエタノールに比べてはるかに効率が高く、1エーカーあたりの生産量は2～3倍になる。さらに、ウジナ・ダ・ペドラはバガスと呼ばれるサトウキビの廃棄物を燃料として工場を稼働し、25万人以上の住民に電力を供給する。同工場は1931年から稼働しており、現在は約600㎢のサトウキビ畑を擁している。機械による収穫は野焼きなしで行われ、ヴィナスと呼ばれる、窒素などの栄養素を含む工場からの液体廃棄物が肥料として使われる**(下)**。収穫された作物の半分はエタノールに加工され、残りは砂糖として世界中で販売される。撮影:2021年6月

インド最大のサトウキビ生産地、ウッタル・プラデーシュ州ハリヤワンの製糖工場にサトウキビを売るために列をなす地元の農民たち。ブラジルとは違い、インドの土地法では農地の統合が禁止されている。そのため、インド最大級の砂糖・エタノール製造業者のDCMシュリラム社が所有するこの製糖工場は、半径約50kmに住むおよそ8万人の小規模農家からサトウキビを購入している。ほとんどの農家は2～5エーカーの土地を所有し、手作業で収穫し、政府が定めた価格で工場に売る。写真が撮影された当時の価格は1トンあたり約46ドルだった。工場は毎年約200万トンのサトウキビを購入し、24万トンの砂糖と9000万リットル強のエタノールを生産するだけでなく、地域の電力網への電力供給も行う。サトウキビのほぼすべての部分が何らかの形で利用される。茎から剥がされた青い葉は家畜の飼料にされ、茶色い葉は堆肥として土壌に還元される。インドは飛び抜けて世界最大の砂糖消費国であるが、1人あたりの消費量はアメリカ人の約半分である。撮影：2021年11月

マヒンドラ・トラクターズ社の最新工場があるインド南部のテランガーナ州ザヒーラバードの保管場には、出荷を待つ3000台以上のトラクターが並んでいる。同社は1940年代に、インド市場向けにアイコニックなウィリス・ジープやインターナショナル・ハーベスター社のファーマル・トラクターを製造することから始まった。現在では世界最大のトラクター製造業者となっており、毎年約22万台の小・中型のトラクターを世界中の小規模農家向けに製造している。インドではハイテク産業や製造業が急成長しているが、大規模農家の数は限られている。世界で最も人口の多い国であるインドでは依然として小規模農家が多く、全世帯の約60%が農業を主な収入源としている。マヒンドラ社は小規模農家向けの小型トラクターを製造することで、この市場をリードしている。撮影：2021年10月

赤いコーヒー収穫機が、ブラジル・サンパウロ州のイタラレ川沿いにあるサンフランシスコ農場のコーヒー畑に沿って進んでいる。この機械は振動するアクリル製の突起を使ってコーヒーの実を揺らし、木の根元に張られた伸縮性の布に落とす仕組みだ。アラビカ種のコーヒーは、通常は標高1000メートル以上の熱帯雨林の木陰で栽培される。しかし、南回帰線のすぐ北に位置するこの地域の気候では、標高約700メートルでも、ユーカリの防風林に囲まれながら単一栽培のコーヒーの木がよく育っている。肥沃な土壌、豊富な水、機械収穫の効率性のおかげで、ブラジルは世界のコーヒー市場を支配し、世界全体のコーヒー豆の3分の1以上を生産している。サンフランシスコ農場で栽培しているのはアラビカ・コーヒーのブルボン種。撮影：2021年6月

ブラジルのミナスジェライス州の丘陵地にあるリオ・ベルデ大農場では、近代的な農業とモダニズム建築が融合している。ここでは1世紀以上にわたりコーヒーが栽培されてきた。575年にエチオピアでコーヒーが最初に栽培され、1727年にポルトガル人によってブラジルにもたらされて以来ほとんど変わらなかった加工プロセスが、2015年に建設されたこの最先端の施設によって効率化された。「チェリー」と呼ばれるコーヒーの実は手作業または機械で収穫・洗浄する。その後、舗装された乾燥場で自然乾燥してから乾燥機にかけ、皮を取り除き、大きさや色を基準に機械で選別する。ファゼンダ・リオ・ベルデ農場のコーヒー豆(約60キロの袋が年間2万4000袋)は「スペシャルティ」グレードとして生産地から生豆のまま輸出されている。長年にわたり、同農場の主要な顧客はスターバックスだ。撮影：2021年6月

エチオピアのイルガチェフェ近郊でコーヒー貿易業を営むケルチャンシェ社で、女性労働者たちが夜間にコーヒー豆を保護する黄色いタープを巻き上げている**(上)**。豆を包む緑色のメッシュシートを広げて乾かしたあと、手作業で傷んだ豆を選別する**(左)**。撮影当時、彼女たちの日給は50エチオピア・ブル(約1.30米ドル)だった。伝説によれば、5世紀のエチオピアのヤギ飼いが、小さな低木の豆を食べたヤギが夜に眠っていないのを最初に発見したという。それ以来、エチオピアの高地ではコーヒーが栽培および消費されており、この地域の標高約1600メートルの木陰で育てられるコーヒーは今でも世界最高級とされている。コーヒー豆の加工は、熟した実だけを手作業で収穫し、洗浄、発酵、精製、乾燥、選別といった工程が必要な労力のかかるプロセスだ。エチオピアでは人口1億1000万人の約90%が農業に携わっている。撮影:2020年11月

インドのカシミール渓谷の高地で、家族経営のサフラン農家たちが収穫したクロッカスの花から繊細な赤い雌しべを摘み取っている**(上)**。その価値は数百ドル、あるいは数千ドルにも及ぶかもしれない。この地域は世界で最も高価なスパイスの産地で、サフランに囲まれたパンポールの町では約3万世帯が毎年秋の収穫で生計を立てている。傷つきやすい糸のようなサフランの雌しべを丁寧に日陰で乾燥させ、1グラムあたり約3ドル、つまり1ポンド（約453グラム）あたり1200ドルで販売している。だが近年、気候変動や農地周辺の開発などが原因で収穫量が減少している。政府は、真空乾燥機を備えた加工センター**(右)**やオンラインオークション、さらには室内栽培の指導など農家支援のためのプログラムを実施しており、一定の成果を上げている。だが、大多数の農家は今なお気候変動の影響から逃れられていない。撮影：2021年11月

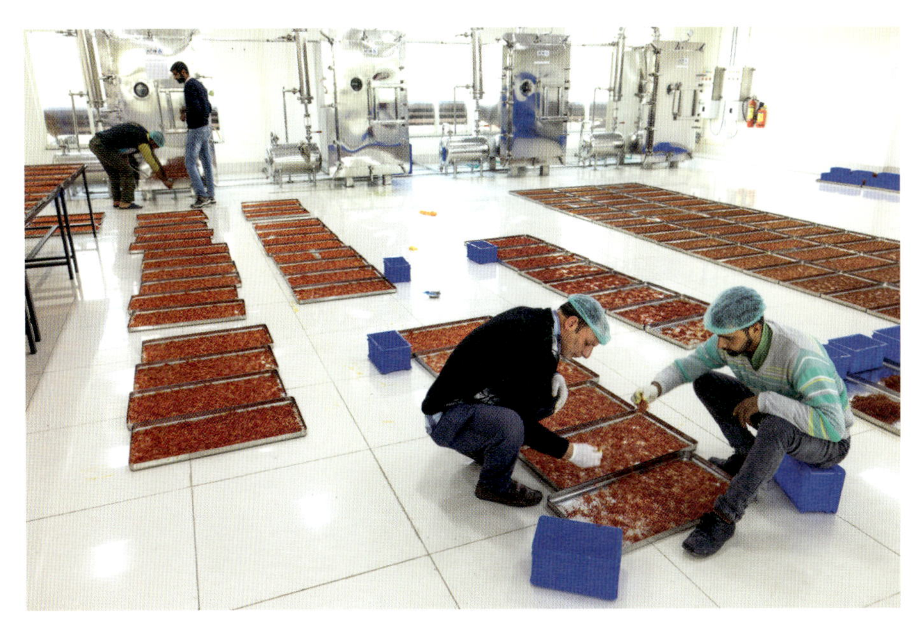

中国南西部の雲南省にある大渡崗の政府運営の段々茶畑は、世界最大級の茶園のひとつであり、約44㎢にわたって広がっている。中国は世界最大の茶の生産国であり、ダドゥガンはプーアル茶の発祥地とされる。周辺の熱帯雨林には、その野生種がいまだに自生している。プーアル茶は大葉種と呼ばれる大きな葉の茶の木から作られ、その一部は樹齢数百年にもなるという。茶葉は乾燥させた後に圧縮し、ゆっくりと発酵させて風味を深める。ワインのように、年月を経るごとに風味が増すのだ。伝統的な中国医学では、消化促進、心臓病の予防など、数多くの健康効果があるとされる。撮影：2006年11月

インドネシアのスマトラ島西部にあるカユアロ茶園で、女性たちが茶葉を収穫している。熟練の労働者は1日で約100キロの茶葉を摘み取り、撮影当時7万5000ルピア（約5米ドル）の賃金を得ていた。カユアロ茶園は、インドネシアで最も古い茶園のひとつであり、インドネシア最高峰の火山である標高3800メートルのケリンチ山の豊かな土壌に広がる。1920年代のオランダ植民地時代に植えられた茶の木から今でも収穫できるという。写真のように手作業で収穫する労働者たちは、剪定バサミを使って高品質の茶葉を摘み取り、最も良い若芽を丁寧に選び出す。しかし、こうした手作業は機械によって急速に代替されつつある。収穫機を使えば、5人の労働者で1日に2.2トンの茶葉を収穫できるのだ。撮影：2022年7月

朝日とともに、インド・ケララ州の歴史ある紅茶農園に霧が立ち込める。インドでは1896年の英国植民地時代、西ガーツ山脈で初めて茶が植えられた。写真は、インド最大の茶生産業者のひとつであるカナン・デバン・ヒルズ・プランテーションズ社が所有する80㎢の紅茶畑のほんの一部にすぎない**（上）**。同社で最も人気のある製品は、新鮮な茶葉を円筒状のローラーに通し、細かく切断し、巻き上げたものを乾燥させてティーバッグに詰めることで製造される**（右）**。出来上がる安価な紅茶は、インド、中東、イギリス、ロシアで広く流通している。同社はタタ・グループと1万2000人以上の従業員株主によるパートナーシップにより所有されており、インド初の従業員所有企業のひとつである。撮影：2019年9月

インドのエロード・ターメリック（ウコン）市場には競売の入札者が集まり**（左）**、ナニ・アグロ・フーズ社では労働者たちが生ターメリックを洗浄、選別し、粉末に加工している**（上）**。シャンパンやパルメザンチーズのように、エロード産のターメリックは地理的表示が認められており、タミル・ナードゥ州のターメリックの名産地を中心に約60㎢にわたって栽培されている。地域のバイヤーたちは、国内最大級のターメリック市場で収穫物を入念にチェックする。ショウガ科に属するターメリックの粉は乾燥させた根茎から作られ、カレーなどのインド料理に欠かせない食材のひとつ。クルクミン含有量が多いため独特の黄色を帯び、インドや中国の伝統医学で何世紀にもわたって使用されてきた。現在では、肝臓病やうつ病など、さまざまな病気の治療薬として注目を集めている。これは、ほとんどが10エーカー未満の農地で栽培しているエロードの小規模農家にとって喜ばしいことだ。撮影：2022年3月（エロード）／2019年10月（ナニ・アグロ・フーズ社）

南インドのカルナータカ州クールグ近郊にある、タタ・コーヒーが運営する325㎢のアグロフォレストリー（森林農法）農園の労働者たちは、“スパイスの王様”とも称されるコショウの実を収穫するために木に登る。コショウの実は、タタの広大なロブスタ種のコーヒー畑に日陰を提供するために植えられた180万本の木に絡ませて栽培されるツルの種であり、写真は年に一度、コーヒーの花が満開になる日に撮影された。この農園は野生動物の保護にも取り組んでおり、収穫チームが入る前にレンジャーが象がいないことを確認する。コショウは、古代のアラブ人やフェニキア人の交易商、ギリシャ人、ローマ人、エジプト人を魅了し、何千隻もの船で運ばれた。また、シルクロードでは通貨の代わりに使われ、ポルトガル、スペイン、オランダ、イギリスといった植民地支配国は、マラバール海岸のうっそうと茂る熱帯雨林に自生していたコショウを巡って貿易ルートを争った。コショウは今でも多くの料理に欠かせないスパイスであり、世界中で消費される黒コショウの量は、他のすべてのスパイスを合わせた量に匹敵するほどである。撮影：2022年3月

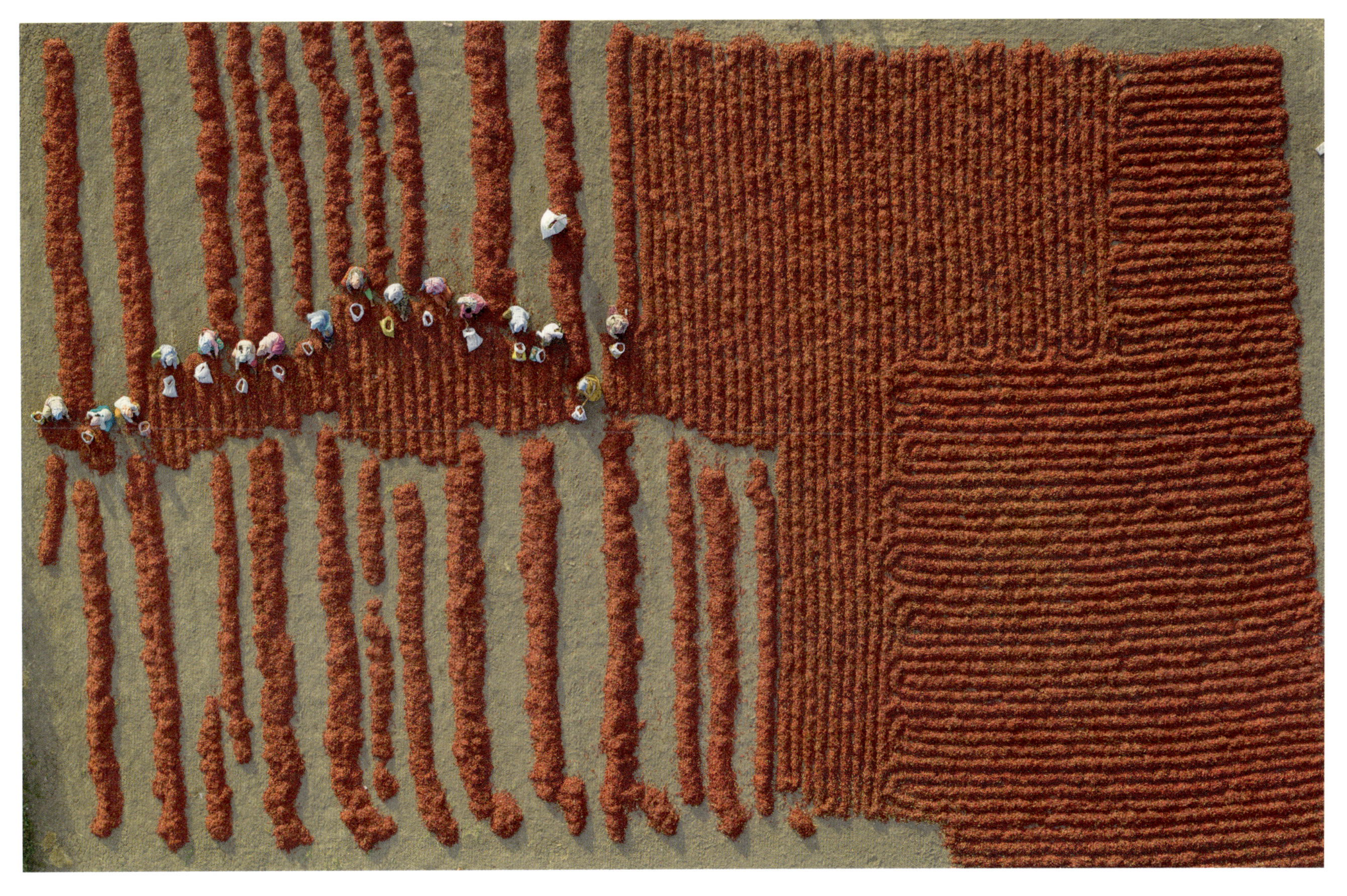

インドの唐辛子産地の中心であるアーンドラ・プラデーシュ州グントゥール近郊にある、30エーカーの家族経営の農場で、日雇い労働者たちが焼けつくような太陽の下で乾燥させた赤唐辛子を選別している**(上)**。赤唐辛子は南アメリカ原産で、1498年にヴァスコ・ダ・ガマがマラバール海岸への航路を発見した直後にポルトガル人の商人によってインドにもたらされた。現在、インドは世界の乾燥赤唐辛子の41%を生産しており、その多くがアジア最大の赤唐辛子市場であるグントゥール・ミルチ・ヤードを経由している**(右)**。2月から8月にかけて、地元の小規模農家は、小さな畑で50〜200キロほどしか収穫できない唐辛子を麻袋に詰めて市場に持ち込む。唐辛子は品質ごとに等級分けされ、バイヤーに販売され、粉唐辛子に加工されて世界中に出荷される。この地域では人件費が安いため、検査と茎を取り除く作業が人力で行われている。撮影：2022年3月

セネガルの大西洋岸にあるシン・サルーム川デルタの河口近くの干潟では、カラフルな塩田がまるで画家のパレットのよう。サヘル地域の南端を流れる2本の川では、1970年代以降、ますます頻繁に発生する深刻な干ばつによって海に到達する水の量が劇的に減少し、海が内陸に移動する「逆三角州」と呼ばれる現象が生じている。土地や川の塩分濃度の上昇により、地元の農家は作物、家畜、魚を育てることができなくなった。しかし、この土地に住むセレール族はこの変化をうまく利用した。季節ごとの高潮時に海水を捕らえるための浅い池を掘り、海水が蒸発すると塩が残るようにしたのだ。これらの池は、さまざまな塩分濃度に応じて繁殖する藻類や微生物により色が変化する。この古代から伝わる製塩法は、セネガルの灼熱の太陽の下で多くの手作業が必要であり、しばしば子どもたちを含めた家族全員が働き手となる。このような小規模の農家によって生産される塩は、セネガルで毎年生産される50万トンの塩の約3分の1を占めている。撮影：2018年5月

ラージャスターン州にあるインド最大の内陸塩湖、サンバール湖の蒸発池で、地元住民は約1500年にわたり塩を収穫してきた。この調味料がインドの歴史において果たしてきた役割は大きい。ガンジーは1930年の有名な「塩の行進」で英国による塩生産独占を打破し、インド人を英国の植民地支配に対して奮い立たせた。現在では、不安定な降雨と、支流の水の転用により、政府所有の古い蒸発池での生産量が減少している。一方で、写真に見られるような、約1万3000本もの違法な掘り抜き井戸から水が供給される民間所有の塩田**（上）**では生産量が拡大している。しかし、それが周辺の農地やサンバール湖を潤していた地下水の枯渇の原因にもなっている。サンバール湖はフラミンゴの重要な越冬地でもある。塩を収穫する労働者たちは、約38度の猛暑の中で頭の上に塩の入ったカゴを載せて運び、1日あたり250～300ルピー（撮影時点で4米ドル未満）を稼いでいる**（右）**。撮影：2022年3月

2
野菜と果物

　穀物には人間に必要なカロリーが豊富だが、野菜と果物には健康で活動的に長生きするために欠かせないビタミン、ミネラル、食物繊維が含まれている。世界中で栽培されている果物や野菜には少なくとも9つの科があり、健康を促進する植物性化合物が数百種類も含まれている。野菜や果物は血圧を下げ、心臓病や脳卒中のリスクを下げ、一部のがんを予防することもできる。さらに、糖尿病の発症率を下げ、加齢に伴う白内障や黄斑変性症を防ぎ、目の健康を保つ効果もある。

　野菜と果物は、最も栽培に労力がかかる作物でもある。人間は多くの農地を穀物の単一栽培に充て、高度に細分化された巨大な農機で種まき、栽培、収穫することで規模の経済を享受している。しかし、収穫に耐えうる丈夫な野菜や果物のみを収穫するための機械はほんのわずかしか開発されていない。さらに、1年以上保存が可能な穀物とは違い、ほとんどの野菜や果物は完熟間近になると最も風味と栄養が豊かになるが、その時期は特に傷みやすい。そのため、多くの野菜や果物は労働者が畑や、近年では温室で身をかがめて手作業で収穫する。また、鮮度を保つために気温や湿度を管理した環境で輸送・保管する必要がある。

　健康に良い食べ物を私たちの食卓に届けているのは、野菜と果物の農家たちだ。アメリカの“サラダボウル”と称されるサリナス・バレーのイチゴやレタス畑から、ヨーロッパの葉物野菜や果物の供給源として独自の発展を遂げているオランダやスペインの巨大自動温室に至るまで、多種多様な環境で生産されている。熱帯地域の大手農産企業は果物を栽培、洗浄、包装して私たちの近所のスーパーマーケットに届けており、地球の裏側から最適な熟度で到着するように難しい物流の課題をこなしている。ブドウ園や果樹園では、害虫に強い最先端のハイブリッド品種だけでなく、ブドウやオリーブ、ナシなどのこだわりの品種も育てられ、多彩な選択肢が提供されている。カリフォルニア産のデーツ、マサチューセッツ州やウィスコンシン州のクランベリー、ベトナムのドラゴンフルーツといった、一昔前まで世界の食品市場にはほとんど出回っていなかった珍しい果物も健康食品としての市場を拡大しつつある。健康食品は近年急成長している分野だ。

　野菜と果物の摂取量を増やす利点は、自分が健康になるだけではない。持続可能で多様な農業が促進され、二酸化炭素排出量も減少するため、地球も健康になる。その結果、より多くの人がさらに健康的な食事をすることができる。つまり、「野菜を食べなさい」と言っていた私たちの母親は、やはり正しかったのだ。

アーモンドの果樹園（カリフォルニア州ウォーターフォード、撮影：2017年2月［103ページ参照］）

米国最大級の生鮮野菜生産業者であるタニムラ&アントル社が運営するカリフォルニア州ゴンザレス近郊の農場で、労働者たちが伝統的な手作業で厳選したレタスを収穫している。さまざまな種類のレタスを同時期に成熟させるのは難しいが、春レタス・ミックスとして畑で箱詰めや袋詰めができる。カリフォルニア州は、米国の野菜の約3分の1、果物とナッツの約3分の2を生産しているが、農場で働く50万から80万人の労働者の働きがあってこそそれが実現できる。その50～75%は不法移民だとされているが、近年は一時的なビザ所有者が増え、企業が人材を確保するために福利厚生を充実させていることから、その人数は減少傾向にある。タニムラ&アントル社の従業員は米国市民であり、2016年の撮影当時の平均時給は20ドル。さらに、医療、歯科、眼科の保険のほか、確定拠出年金制度（401(k)）が提供されていた。撮影：2016年5月

肥沃な土壌、穏やかな気候、そして集約農業への情熱が、オランダの333エーカーのジョン・デ・ボーアのキャベツ農場、さらにオランダ全土を世界有数の農地にしている。地理的な利点も見逃せない。オランダ北西部、北ホラント州の沿岸は冷涼な北海の気候に恵まれ、デ・ボーアの専門である青キャベツの栽培にぴったりだ。デ・ボーアの青キャベツはヨーロッパ全域にとどまらず中東にも輸出されている。2021年にはオランダはキャベツの輸出額だけで2億5500万ドルに達し、他の野菜や切り花産業と合わせて、アメリカに次ぐ世界第2位の農産物輸出国となった。撮影：2018年10月

チコリの根から育つ、苦味のある黄白色の芽であるウィトローフ（ベルギー・エンダイブ）の生育を暗所で確認するベルギー、ヘントの農家ルディ・ルース。ベルギーでは、エンダイブの栽培は国中で人気がある。この作物は、1830年にある農民が暗い貯蔵室に置いていたチコリの根から魚雷のような独特な形の芽が伸びているのを見つけたことで、偶然に発見された。現在、エンダイブの最大の生産国はフランスだが、フランドル地方の農家たちは今でも家族の秘密のように種子や品種を守り、毎年のお祭りやウィトローフ・ビール、ロードレースなどのイベントでこの野菜を楽しんでいる。撮影：2023年4月

日本の農家が、空気で満たされたプラスチック製ドーム内で、栄養豊富な水を張った回転式プールに水耕栽培レタスを植えている。このドームは、植物の生育に適切な量の日光、空気、水分を取り入れることができる仕組みになっている。レタスが30日かけてゆっくりと外側に移動し、外縁部で収穫されるという革新的なシステムは、61歳で銀行家を引退した阿部隆昭によって発案された。同氏は若い世代に農業への関心を持ってもらうためにこのシステムを開発したという。グランパ社は2004年に東京西部で最初のドームを建設し、それ以来「グランパ・ドーム」を日本の津波被災地やアラブ首長国連邦の砂漠地帯にまで拡大している。各ハイテク温室では1万5000株が栽培され、毎日250〜400株のレタスを年間を通じて収穫している。撮影：2013年10月

カリフォルニア州ホリスター近郊のアースバウンド農場では、オーガニックのオーク・リーフ・レタスを収穫するため、収穫チームが夜明け前から作業を開始する。4人の労働者が"ベビー・グリーン"収穫機の前を歩いて異物を取り除き、害虫を追い払ってから、機械が地面から約2.5センチの位置でレタスを刈り取る。刈り取られた葉はエアブローとメッシュ状のフィルターで土を取り除かれた後、冷蔵トラックで梱包工場へと運ばれる。アースバウンド農場はアメリカ最大級のオーガニック野菜生産業者のひとつ。約200㎢の農地を使って生産しており、有機農業が工業規模で可能であることを証明している。写真のような収穫機は、1時間あたり4500キログラム以上の野菜を収穫できる。撮影：2016年5月

カリフォルニア州サリナス・バレーの中心部、キングシティ近郊のダリゴ農場で、労働者たちがロメインレタスを収穫している。シチリア出身の創業者ステファノ・ダリゴは、1920年代後半にこの地域で生鮮野菜の栽培を開始し、鉄道を利用して兄アンドレアのいるボストンへ出荷することで、東海岸の都市部に冬の新鮮野菜を届ける先駆者となった。オランダの北ホラント州と同様に、サリナス・バレーの冷涼で湿潤な海洋性気候は冬季の野菜栽培に適しており、この地域は”アメリカのサラダボウル”の異名を持つ。年間の特定の時期には、米国のスーパーで販売されるレタスの90%がこのサリナス・バレー産となる。現在、ダリゴ家は4代にわたり120㎢超の農場を経営し、1927年から「アンディ・ボーイ」のブランド名を守り続けている。撮影：2016年5月

テイラー・ファームズ・フードサービス社は、加工品質と付加価値の向上、そして効率性を追求し、72台のトラックに搭載した移動式工場をサリナス・バレーとアリゾナ州ユマ周辺で収穫に合わせて移動させている。写真は、春ミックス・サラダや、キャベツとニンジンを加えた細切りレタスの洗浄ラインでの作業。この施設は2022年に火災で焼失したものの、その後再建された。北米に22ヵ所の生産拠点を持ち、従業員2万4000人を抱える同社は、世界最大級のカット野菜供給業者のひとつ。マクドナルドやサブウェイ、チポトレなど、米国のレストランチェーンで使用される生野菜サラダの約3分の1を手掛けている。撮影：2016年5月

1964年、カリフォルニア州アナハイムの農産物直売所として創業したグリムウェイ・ファームズ社は、現在ではカリフォルニア州ベーカーズフィールドを本拠地とし、世界最大のニンジン生産者かつ米国最大の有機野菜供給業者へと発展した。カリフォルニア、オレゴン、コロラド、フロリダの計181㎢の農地で65種類の作物を栽培している。1990年代には、ベビーニンジン市場の先駆者である「カール・オーガニック」と「バニー・ラブ」のブランドを買収。成熟した細身のニンジンの皮をむいて小さく切る独自の加工方法で、アメリカの健康食ブームを牽引してきた。環境面では、作物の輪作や被覆作物の活用、堆肥使用による農薬・肥料の削減と土壌への炭素還元に取り組んでいる。また、日々約450万キロのニンジンを処理する施設に電力を供給するため、4.75メガワットの太陽光発電所も併設している。撮影：2015年11月

ペルーのウルバンバ渓谷――インカの聖なる谷――の高地で、4世代の家族がジャガイモの収穫作業の合間に昼食を取っている。伝統的な筒形の帽子をかぶった祖母と曽祖母が、ベイクド・ポテトとエンドウ豆、トウモロコシから作られた発酵飲料「チチャ」を囲む家族の様子を見守る。撮影：2019年5月

南部ペルーは約8000年前にジャガイモが初めて栽培された発祥地とされ、現在も3000種類もの在来品種(栽培品種)が確認されている。これらの貴重な遺伝的資源は、ノルウェーのスヴァールバル世界種子貯蔵庫で保管されている。今や世界の主要作物の第4位となったジャガイモの普及は、地下水を効率的に利用する精巧な農地システムを確立した古代インカ文明の功績といえる。現代のペルーの農民たちは、このシステムを受け継ぎ、ジャガイモ、小麦、キヌアを織り交ぜた美しいパッチワークのような畑をウルバンバ渓谷に広げている。撮影:2019年5月

サウスダコタ州ピエール郊外に広がる約140k㎡のガンスモーク農場で、17歳のジョン・ヨレンビーが有機エンドウ豆を収穫している。ヨレンビーは北米最大の収穫請負業者、オルセン・カスタム・ファームズ社の一員。同社の数百万ドルの農機は、5月から12月まで1日10時間体制で、テキサスからカナダまでの穀倉地帯を移動しながら収穫作業を展開している。かつて人気の西部劇テレビシリーズ『ガンスモーク』の主演俳優ジェームズ・アーネスが所有していたこの農場は、2016年にベンチャーキャピタルのシックス・ストリート・パートナーズが買収し、ゼネラル・ミルズ社のアニーズ・マカロニ&チーズ用の有機小麦などを生産する計画を立てた。しかし、土壌の特性を考慮しない過度な耕作と悪天候が重なり、2021年には砂嵐と深刻な土壌侵食に見舞われた。有機認証を取得済みのこの土地は2023年から新たな管理者のもと、有機農法と従来の農法を組み合わせた農業経営が行われている。撮影：2020年7月

カリフォルニア州グリーンフィールド近郊のバセッティ農場で、労働者たちが”ナタの舞”と呼ばれる伝統的な手法でドール・フード社向けのセロリを収穫している**（上）**。カリフォルニア州は米国のセロリ供給量の80％を占め、その収穫のほとんどが手作業で行われている。労働者たちは膝丈ほどの高さに育ったセロリ畑を歩き、1エーカーあたり最大4万4000株にもなる作物を刈り取る。セロリは畑で処理されるため、収穫者は食品衛生管理の一環としてヘアネットを着用する。従来の方法では、収穫者が茎を切り揃えてから重ねて並べ、後続の梱包担当者が60ポンド（約27キロ）用の箱に詰めて国内外へ出荷していた**（右）**。しかし、この写真の撮影以降セロリの収穫方法は変化している。現在は収穫チームが食品衛生基準に適合したステンレス製の移動式作業台を使用し、畑での収穫から洗浄、カット、箱詰めまでを一貫して行う。撮影：2017年10月

スペイン・アンダルシアのシエラ・デ・ガドル山脈が、まるで海に浮かぶ島々のように、太陽に照らされたプラスチックの海（マル・デ・プラスティコ）の上にそびえ立っている（**上**）。この一帯には約330k㎡に及ぶ温室群が広がり、「ヨーロッパの菜園」と呼ばれる一大農業地帯を形成している。最初の温室は1960年代、山脈と地中海に挟まれた乾燥地帯カンポ・デ・ダリアスの海岸平野に建設され、そこでは今でも新しく温室がつくられている（**左**）。集中的な地下水汲み上げと温室設計や水耕栽培の革新によって、元々貧しかったこの地域は経済的な繁栄を迎えた。現在ではトマトやパプリカをはじめとするヨーロッパの冬季の果物や野菜の多くを供給している。しかし、この発展は社会的にも環境面でも深刻な課題を生み出した。地下水脈の過剰利用に加え、2020年の『ガーディアン』紙では、主に移民労働者たちが劣悪な労働・生活環境に苦しんでいると指摘されている。さらに、この地域が生み出すプラスチック廃棄物は年間3万トン以上に達する。水不足の問題に対処するため、スペイン政府は2016年にこの地域にヨーロッパ最大級の海水淡水化施設を建設した。撮影：2016年2月

オランダのミッデンメーアにあるアグロ・ケア社の6棟の温室のうちのひとつでは、見渡す限りトマトの列が続いている。同社は毎年約2万トンの水耕栽培トマトを生産する。オランダはメキシコに次いで世界で2番目に多くのトマトを輸出しており、すべてのオランダ産の夏季果物はガラス製の温室で栽培されている。アグロ・ケア社はトマトを専門としており、ヨーロッパの主要な供給業者のひとつ。ロックウールのマットに植えられ、養液で育てられる同社のトマトは、スペインの「プラスチックの海」の一般的なビニール温室での栽培と比べて生産性が高い。撮影：2016年2月

オランダのウェストランド地域に広がるコッパート・クレス社の最先端の温室が、朝の空を照らす**(上)**。同社は約25エーカーの敷地で様々な品種の美味しいクレソンを栽培している。オランダは温室栽培で世界を牽引しているが、従来のガラスの温室では温度管理に多くの水とエネルギーが必要だった。コッパート・クレス社は2025年までにCO_2排出量をゼロにすることを目標に太陽光や地熱エネルギーを利用し、曇りの日や冬季には高効率のLEDライトで自然光を補っている。また、同社は赤と青の光のスペクトルを利用する高効率の水冷LEDを開発し、クレソンの光合成を促進している**(右)**。この照明によって紫色の光が生まれ、風味豊かなクレソンが育つだけでなく、温められた水を暖房に利用することもできる。撮影：2018年10月

新鮮な果物や野菜への欲求は、サハラ砂漠のささやかな菜園から、16世紀に建設されたフランス・ロワール渓谷のヴィランドリー城まで世界共通だ。元フランスの財務大臣がこの城を建てた際、家族や使用人の食事用に手の込んだ菜園を整備した。ここでは農業が芸術に姿を変えている。10人の専任庭師が17エーカーに及ぶ有機果樹園、菜園、観賞用庭園を管理し、年間およそ36万人の訪問者を魅了している。ヴィランドリー城の庭園には10万株以上の花や野菜が植えられており、毎年10月1日頃の秋のガーデン・フェスティバル直前には、中央広場にオレンジ色のカボチャが色鮮やかに実る。撮影：2022年9月

ポタジェ（フランスの伝統的な家庭菜園）では、野菜、果物、花を一緒に栽培する。1590年代に建てられたノルマンディーのミロメニル城では、有機栽培のポタジェに70種類以上の野菜や果樹が植えられている。写真で城の前に写るナタリー・ロマテが所有者で、彼女は毎年6月から10月にかけてB&Bの宿泊客に提供できるほどの作物を収穫している。ロマテの祖母が1938年にこの地所を購入し、8人の子どもと20人のスタッフを養っていた。悲惨な第二次世界大戦の後、庭に彩りを添えるために野菜畑を花々で縁取った。なお、この城はフランスの短編小説の巨匠ギ・ド・モーパッサンの生誕地としても知られている。モーパッサンは1850年にこの城で生まれ、ノルマンディーの田園風景を多くの作品の舞台にした。撮影：2022年6月

上：パリ南方約22キロの郊外に位置するリス＝オランジスの「家族の庭（ジャルダン・ファミリオ）」は、ランドスケープ・アーキテクトと社会科学者の協力のもと、この集合住宅地に癒やしと食料を提供している。フランスで都市労働者階級のために家族の庭を設ける伝統は、社会的カトリシズムの支持者であったジュール・オーギュスト・ルミール神父に端を発する。彼は1896年に「土地の一角と家庭同盟（French League of the Corner of Earth and Home）」を設立し、すべての労働者が自らの“土地の一角”を持てるようにした。近年フランスに移住してきた多くの移民が住むリス＝オランジスでは、1998年にこれらの家族向けの菜園がつくられた。住民間の交流、アイデアや食材の共有を促すため、中央の通路を囲むように三角形の区画が配置されている。区画は年間30ユーロほどで貸し出され、その人気からすでに3度拡張されている。現在、約93㎡の区画が300以上あるが、新たに利用するには4年以上待たなければならない。撮影：2022年5月

右：フランス・ストラスブール北部、ドイツ国境に近いオートピエールの家庭菜園は、車輪のスポークのように中心から放射状に広がり、周辺のアパート住民に緑地を提供している。近くの欧州議会の建物と同じように、この菜園も国際的な交流の場だ。1970年代後半の開設以来、モロッコ、アルジェリア、トルコ系の住民が、代々継承してきた区画を耕している。この有機菜園は食卓に農作物を提供するだけでなく、家族の憩いの場としても利用されており、コミュニティの共有スペースのように機能している。フランスでは土地開発により多くの家庭菜園が失われてきたが、ストラスブールでは現在も市内に4600区画、総面積約400エーカーに及ぶ家庭菜園が残っている。撮影：2022年5月

インドネシア・パプアの人里離れた熱帯雨林でパンノキの実を採集する、サヤ・クラン所属のコロワイ族の男性ドマレ。ここでは、このクワ科のデンプン質を多く含む果実は古代から主食とされてきた。大きな緑色の果実は地上12〜18メートルの高さに実るが、コロワイ族にとってこの高さは些細なものだ。彼らは外界からの干渉を避け、独自の文化を守るためにさらに高所の樹上に住居を構えており、その存在が知られたのは1970年代のことだった。コロワイ族は狩猟の達人で、魚やトカゲ、ナメクジ、根菜、木の実などを食料にしている。カニバリズムの習慣が残る最後の文化とされているが、この習慣はインドネシア政府によって禁止されており、次第に廃れていくと考えられている。撮影：1995年6月

カリフォルニア州のコーチェラ・バレーはポップカルチャーの中心となる以前、米国のナツメヤシ栽培の一大拠点だった。ウッドスプール・ファームズ社をはじめとする農園では、19世紀後半に北アフリカや中東から輸入されたデグレヌーアやメジュールなど数十種類のナツメヤシが植えられた。同社はコーチェラとユマに5000エーカーのナツメヤシ農園を所有し、現在では米国最大級のオーガニック農場の一つとなっている。コーチェラでのナツメヤシ生産は1950年代にピークを迎え、その後多くの農園がカリフォルニアの砂漠のリゾートであるコーチェラの宅地開発により姿を消したが、ナツメヤシの実であるデーツの消費量は着実に増加している。噛みごたえのあるデーツにはビタミンB群、食物繊維、抗酸化物質が豊富で、消費者の人気を集めている。現在では、デーツは多くのエナジーバーの主成分となっている。撮影：2018年10月

4月になると、ベルギーのリンブルフ地方にある村スフラーヘフーレン周辺の青々とした畑には洋ナシの花が咲き誇る。この地域では、小規模農家にはEUの補助金が支給されるにもかかわらず、近年人口が減少している**（左）**。5ヵ月後にはベルギー中の洋ナシが収穫期を迎え、シント＝トロイデン近郊の農場では、高級品種であるドワイエンヌ・デュ・コミスが傷つかないように手作業で収穫される**（上）**。収穫された洋ナシは、窒素が豊富で酸素が極めて少なく、氷点下直前の温度に管理された環境で保管され、数ヵ月にわたり鮮度が維持される。スフラーヘフーレンで育てられているのは洋ナシだけではない。教会裏にある17世紀に建てられたコマンドリー城には、ベルギー最古のマス養殖場がある。地下水を源泉とするヴール川の水を使用するこの養殖場は、ガチョウの羽根を使って魚卵に授精させるといった伝統的な養殖技術を専門としている。ニジマスの成長には最新の施設の約2倍の時間がかかるが、コマンドリーの養魚家たちは、その時間が品質に反映されていると語る。撮影：2023年4月／2023年9月

上：ハンブルク西方のエルベ川デルタに広がるドイツ北部の肥沃な果樹地帯で、マクシン家の収穫作業が進められている。この一帯は12世紀にオランダの開拓者によって干拓され、過去700年にわたりドイツやヨーロッパに向けて果物を栽培してきた。総面積100㎢を超える土地に約1000万本の果樹が植えられたこの地域は北ヨーロッパで最大規模の果樹地帯で、その90%がリンゴの木。マクシン家は、ドイツの哲学者ルドルフ・シュタイナーが20世紀初頭に考案した包括的な有機農法であるバイオダイナミック農法を実践している。この農法では化学物質を排除し、環境および社会的側面に配慮した倫理的な農業の実現を目指す。撮影：2022年10月

右：やはりバイオダイナミック農法を実践するアルテス・ランドのヘルツアプフェルホフ農場では、250種類ものリンゴの木がつくるハート形の果樹園が観光客を引きつけている。調査によると、ファームステイからヘルツアプフェルホフ農場が提供するような収穫体験まで、多様なアグリツーリズムが小規模農家を支えている。地方の収入源を増やし、都市部の人々は農場での生活を体験できる。しかし、アルテス・ランドのリンゴのほとんどは、中央ヨーロッパからやってくる季節労働者によって収穫されていることを忘れてはいけない。撮影：2022年10月

コスタリカのブエノスアイレス郡近郊に広がるデルモンテ社の農場では、新しい畑に移植するためにパイナップルの冠芽が手作業で摘み取られている**（上）**。収穫前の農薬散布、収穫後の防カビ剤処理を経たパイナップルは、冷蔵コンテナに収容され、同社所有のコンテナ船で1週間かけて米国の各港へ輸送される**（左）**。酸味が少なく甘みの強いデルモンテ・ゴールド種が1996年に導入されて以降、生産量は急速に増加した。このパイナップルの株は最初の2年間に2つの果実を実らせた後、クラウンが切り取られて新たな土壌に植え替えられる。パイナップル畑の多くは牛牧場やコーヒー農園の跡地にあり、土地の約30％は野生生物のための緑の回廊として森林化され、生物多様性の回復に寄与している。効率的な単一栽培と世界的な需要の増加によって、この小さなラテンアメリカの国は世界有数の熱帯果実の生産国となり、1ヘクタールあたりの農薬使用量も世界最高水準となっている。撮影：2021年1月

世界最大のパイナップル農場である南スマトラのグレート・ジャイアント・フーズ農園では、従業員が昼夜を問わず収穫を行っている。この垂直統合企業は約320k㎡の農地を管理しており、その半分がパイナップル栽培に充てられている。約2万5000人の従業員がパイナップルを栽培、収穫、処理し、農場内にある缶詰工場で缶詰に加工している。世界で販売されるパイナップルの缶詰のうち、5缶に1缶はグレート・ジャイアント・フーズ社製だ。多くの多国籍食品企業と同様に、工場の排水から得たバイオガスの使用、生産ラインでのプラスチック使用量の削減、農地で使用する化学肥料の削減など、同社も環境負荷の低減に取り組んでいる。このような努力により、同社はGLOBAL G.A.P.(適正農業規範)とレインフォレスト・アライアンスの認証を取得した。撮影:2022年7月

現代的な長方形の湿地や高収量の品種の恩恵を受け、ウィスコンシン州は世界のクランベリー生産の中心地となっている。クランムーア近郊のベネット・クランベリー農場では、秋になると湿地に水を張り、中に含まれた空気で浮かぶ実を熊手でかき集めてトラックに積み込む（**左**）。クランベリーは種から育てるのに3〜5年かかり、ジュースやゼリー、ソース、ドライフルーツ用に濡れたまま収穫する場合と、新鮮な果実として乾いた状態で収穫する場合がある。ウィスコンシン州の冷涼な気候と土壌はクランベリーに最適で、現在では世界のクランベリーの半分以上を生産している。ベネット農場を含むアメリカのほとんどのクランベリー農家は1930年にマサチューセッツ州で設立された協同組合オーシャン・スプレーの一員であり、同組合は米国産クランベリーの80%を購入・販売している。ウィスコンシン州トマにあるオーシャン・スプレーの搬入施設では、トラックが急傾斜に持ち上げられ、クランベリーが洗浄槽に降ろされる（**上**）。その後さらに洗浄を行い、加工用に冷凍保存される。北米原産で商業栽培されているわずか3つの果実のうちのひとつであるクランベリーは、ビタミンC、マンガン、食物繊維、抗酸化物質を豊富に含む元祖スーパーフードとされている。撮影：2015年10月

カリフォルニア州ワトソンビル近郊で、イチゴの収穫作業者たちがドリスコールズ社の最も熟したイチゴだけを収穫、選別し、梱包している。同社はワトソンビルで創業した4世代続く家族経営の果物会社で、現在は20ヵ国でイチゴ、ブルーベリー、ラズベリーを栽培している。伝統的な品種改良によって独自のイチゴ品種を開発し、1000以上の独立系農家に提供して成長してきた。現在では米国のベリー市場の3分の1、オーガニック・イチゴ市場の60%を占めている。熟して傷つきやすくなったイチゴを人間よりも上手に収穫できる機械はまだ開発されておらず、腰を痛めやすい"かがみ仕事"の人員を確保することは年々難しくなっている。多くの労働者は収穫したトレーごとに賃金を支払われており、この農場では2016年当時、最低でも時給10.50ドルが保証されていた。これは当時のカリフォルニア州の最低賃金とほぼ同額だ。撮影：2016年5月

ラフ・クイライネンの水耕栽培農場では、イチゴ収穫者たちは立ったまま作業を行う。フランスのシャンパーニュ地方といえばスパークリング・ワインを連想するように、ベルギー北部のホーホストラーテン地域はイチゴで知られている。クイライネンはホーホストラーテン協同組合に出荷する180人の地元農家のひとり。同組合は1933年からイチゴの競売を行っている。現在冬は水耕栽培の温室、夏は土壌で栽培し、毎年3万トン近いルビー色のイチゴを生産する。ベルギーでは人件費と生産コストが高いため、生産者たちは太陽光パネルやソーラー温水器、雨水の収集装置を利用するなど、可能な限り持続可能な方法で最高品質の果実の生産に努めている。また、プラスチック製の箱の代わりにQRコードが付いた段ボール箱を使用することで、イチゴの生産地を確認できるようになっている。撮影：2023年4月

ヨーロッパの多くの農家がハイテク化を進める中、カナリア諸島のランサローテ島のブドウ農家は18世紀の創意に満ちた伝統を守り続け、驚くべき成果をあげている。1700年代、一連の火山噴火によってランサローテ島の小麦畑は厚い火山礫（ラピリ）で覆われた。モロッコからわずか96キロのこの島の農家たちは、ラピリが貴重な水分を蓄えることを発見した。さらに少し掘ってみると、土壌の湿度はブドウにとって最適だった。その後の200年の間に彼らは技術を磨き、直径約9メートル、深さ4.5メートルのクレーター状の穴でブドウの木を育て、灼熱の貿易風から守るために小さな石壁を築いた。こうした栽培用のクレーターは家族が所有し、多くは100年以上の歴史がある。モンターニャ・ディアマの斜面にあるブドウ園フィンカ・デ・ラ・ヘリアのクレーター群は、エルナンデス家が少なくとも5世代にわたって所有してきたものだ。ここで栽培される固有種のマルバシア・ヴォルカニカ種は、ヨーロッパ全土で愛される少量生産のワインの原料にされている。撮影：2018年8月

ドイツのツェル近郊、モーゼル川の急勾配の斜面にリースリング種のブドウの木が広がり、その頂には12世紀に建てられた元アウグスチノ会修道院のマリエンブルク城が佇む(**左**)。北ヨーロッパの太陽光を最も効率的に受けられるこの斜面に最初にブドウを植えたのはローマ人で、それ以来途絶えることなく生産が続けられている。ブレム近郊のブレマー・カルモント・ブドウ園など、一部の畑は傾斜が60度もあり、ヨーロッパで最も急勾配な農地の一つに数えられる。多くのブドウ農家は、メンテナンスや収穫のためにモーター駆動のモノレールを導入している(**上**)。2.5エーカー分のブドウを収穫するのには4日を要するが、重労働を伴うため一部の区画は現在休耕となっている。1ヘクタールあたり約3500本のリースリング・ワインが生産され、品質によって1本あたり9ユーロから20ユーロで販売される。撮影：2018年10月

16世紀には静かな村だった南ポーランドのスウォショヴァ（人口6000人）は、21世紀にインターネットでセンセーションを起こした。2020年にひとつの道路でつながる町の航空写真が話題になり、ネット上で何百万人というファンを獲得したのだ。注目されたのは、各家屋の裏手にある細長く区分された農地が織りなす独特の景観だった。このような形態は「ヴァルトヒューフェンドルフ」（森林村）と呼ばれ、中世後期に丘陵や山間地の森林を開拓した中央ヨーロッパでよく見られた。各農民には約40エーカーの土地が平等に分配されるため、ひと家族が十分に自給自足できる。次世代に受け継がれる際に分割され、細くなった農地も多いが、現在でも小麦、オーツ麦、ジャガイモ、キャベツ、イチゴなどが栽培されている。撮影：2022年5月

コスタリカのドゥアカリにある、デルモンテ社の865エーカーの大農場で、労働者がキャベンディッシュ種のバナナの収穫準備をしている。クッション性のパッドはバナナを傷から守るため、青いビニール袋は害虫から守るためだ**（上）**。成木にはおよそ8ヵ月ごとに約27キロの房が実り、収穫後、吊り下げ式のケーブルシステムに載せて近くの加工工場まで運ぶ**（左）**。青いバナナはトラックと冷蔵コンテナ船で10日間かけて通関手続き地に輸送し、そこでエチレンガスにさらして熟成させる。果実が大型のキャベンディッシュ種はバナナの王様とされ、実質的に輸出用に栽培されるバナナのすべてを占めている。しかし、他の生産性の高い単一栽培作物と同じように虫や病気に弱く、栽培に最も多くの化学物質を必要とする作物のひとつである。店頭に並ぶきれいなバナナを栽培するために、ほとんどのバナナ農園では多量の農薬や防カビ剤が使用され、年に最大57回にも及ぶ農薬の空中散布が行われる。その結果、バナナ農園の労働者や周辺の村が薬剤にさらされるリスクが高まっている。撮影：2021年1月

ピタヤとも呼ばれるドラゴンフルーツは中央アメリカの太平洋沿岸地域が原産地だが、最大の輸出国はベトナムである。ベトナムのビントゥアン省にある農場では、LEDライトを用いて10月から3月の乾季に開花を促進している（**上**）。この技術により、雨季の10回の収穫に加え、さらに3回の収穫が可能となる（**右**）。この地域の農家は、毎年約66万1000トンのドラゴンフルーツを40ヵ国に出荷している。ビントゥアン省で最大の農園である1730エーカーのホアンハウ農園は、その大半をヨーロッパに輸出する。スーパーフルーツと称されるドラゴンフルーツには、食物繊維やビタミンC、抗酸化物質、リコピンが豊富に含まれている。撮影：2023年3月

アーモンドミルクがスーパーの乳製品売り場に占める割合が増すなか、かつて牛のために水を汲み上げていた古いエアモーター製の風車が佇むカリフォルニア州オークデール近郊の農地には、今ではアーモンドの木々と養蜂箱が並ぶ**(左)**。収穫されたばかりのアーモンドはサリダ・ハリング協会でシートに覆われて貯蔵され、加工されるのを待つ**(上)**。米国だけでなく世界中でナッツミルクやおやつとしてのアーモンドの人気が高まっていることから、カリフォルニア州の生産者は1995年以来アーモンドの栽培面積を3倍に拡大した。現在、同州には総面積約6475k㎡のアーモンド農園が広がっており(62〜63ページ参照)、世界の供給量の80%を生産し、売上高は年間50億ドルを超える。アーモンドの木も牛と同様に大量の水(1粒あたり約4.2リットル)を必要とし、受粉には勤勉なミツバチが欠かせないが、いずれもますます希少な資源となっている。毎年2月には、米国の商業用養蜂箱の80%以上がカリフォルニア州のアーモンド農園に集結するが、ストレスや農薬曝露によって、ダニや病気に対する抵抗力が低下することがある。アーモンド業界が推奨する最良の方法で管理したにもかかわらず、2022年に養蜂業者は約半数の蜂を失った。これは記録上2番目に大きな損失だ。北米で栽培されている果物や野菜のうち約95種類はミツバチによって受粉されている。撮影:2017年10月

インドのケーララ州コッラムのカシュー開発公社で働く女性たちは、木の棒でナッツの黒い殻を割って剝き、1日に約5ドルの賃金を得ている**（右上）**。この地域は古くから世界のカシューナッツ生産の中心地として知られている。カシューナッツの暗色の殻には、ウルシの毒に似た樹脂が含まれており、敏感な人は手に水ぶくれができることもある**（上）**。剝皮室で内側の薄皮を取り除き、カシューナッツを仕分ける**（右下）**。カシューナッツは北ブラジルを原産地とし、16世紀にポルトガル人によってインドやアフリカに持ち込まれた。やがて南インド料理で使われると同時に、ヨーロッパやアメリカに輸出されるようになった。インドは殻付きカシューナッツの大輸入国であり、加工済みカシューナッツはかつて輸出額で第4位の作物であったが、過去10年間でその量は激減した。他国で機械性の殻割り装置が導入されたためだ。写真のような政府所有の加工施設はいくつか稼働しているものの、海外の加工業者との競争は厳しく、地元の女性たちの雇用が失われている。撮影：2019年9月

3

漁業と養殖

地上の農地は目に見えやすい。地球の居住可能な土地の半分を占めていて、列車、車、飛行機に乗れば窓の外を過ぎていくのが見える。だが、海やそこに棲む生物に人間が与える影響を知ることは難しい。海は地球の表面の約70%を覆っているが、その深さは長い間謎に包まれており、無限の象徴とされることもある。海ほど深く、広く、終わりがないものは他にほとんどないくらいだ。また、海に棲む魚の数にも限りがない。

しかし、この章の写真が明らかに示しているように、最後の言葉は信憑性を失いつつある。無限の恵みとも思われていた海の資源に対して、人間が過剰な漁業を行っているためだ。アフリカでは巨大な丸木舟、ベトナムではお椀形のボート、インドでは色鮮やかな木製の船、中国では鋼鉄のトロール船に乗り、漁師たちは沿岸の水域で盛んに漁を行ってきた。その結果、漁獲量は減り魚も小さくなっている。沖合では最先端のソナーを備えた巨大な工場型トロール船がマグロやシロギス、スケトウダラ、イカの群れを追い、さらには餌用の魚粉から化粧品にまで使われるイワシやアンチョベータのような小型回遊魚も漁獲している。世界の漁業の中にはアラスカのブリストル湾のサケ漁のように適切に管理されているものもあり、漁業監視員が数分で漁を停止して、十分な数の繁殖用の魚が逃げられるようにしている。他方で、南米沖のイカ漁のように、イカ自体の驚異的な繁殖力によってかろうじて成り立っている漁場もある。違法なイカ漁船は、宇宙からも見えるほどの明るい光を使って公海で密猟を行っているのだ。国連食糧農業機関（FAO）は2019年に発表した世界の漁業データの中で、全漁業資源の3分の1以上が乱獲状態にあり、57%が持続可能な最大漁獲量に達していると報告している。一部の研究者はFAOのデータが損害を過小評価していると考えており、多額の補助金を受けた巨大漁船団によって、人類は海から大型捕食魚の90%を消してしまったと推計している。

野生の魚資源が減少する中、現在の養殖業は、漁獲量を上回る魚を生産するまでに成長している。水産養殖は中国で紀元前475年から行われているが、ここ数十年で、地球上で最も増加している新たなタンパク源となっている。また、水に浮く魚は自分を支えるために重い骨を必要としないため、生産効率も高い。かつて高級魚だったサケは、ノルウェーからチリまでのサケ養殖場のおかげで、ほとんど鶏肉のように身近な存在となっている。水産養殖にも病気や水質汚染といった課題があるが、より持続可能なものにするための取り組みが増えてきている。実際、ブルターニュ地方で名高いムール貝などの養殖貝類は、栄養価の高いタンパク質を提供すると同時に沿岸の海水を浄化することから、地球上で最も持続可能な食品のひとつと言われている。

海藻養殖場（中国、三沙、撮影：2013年10月 [136ページ参照]）

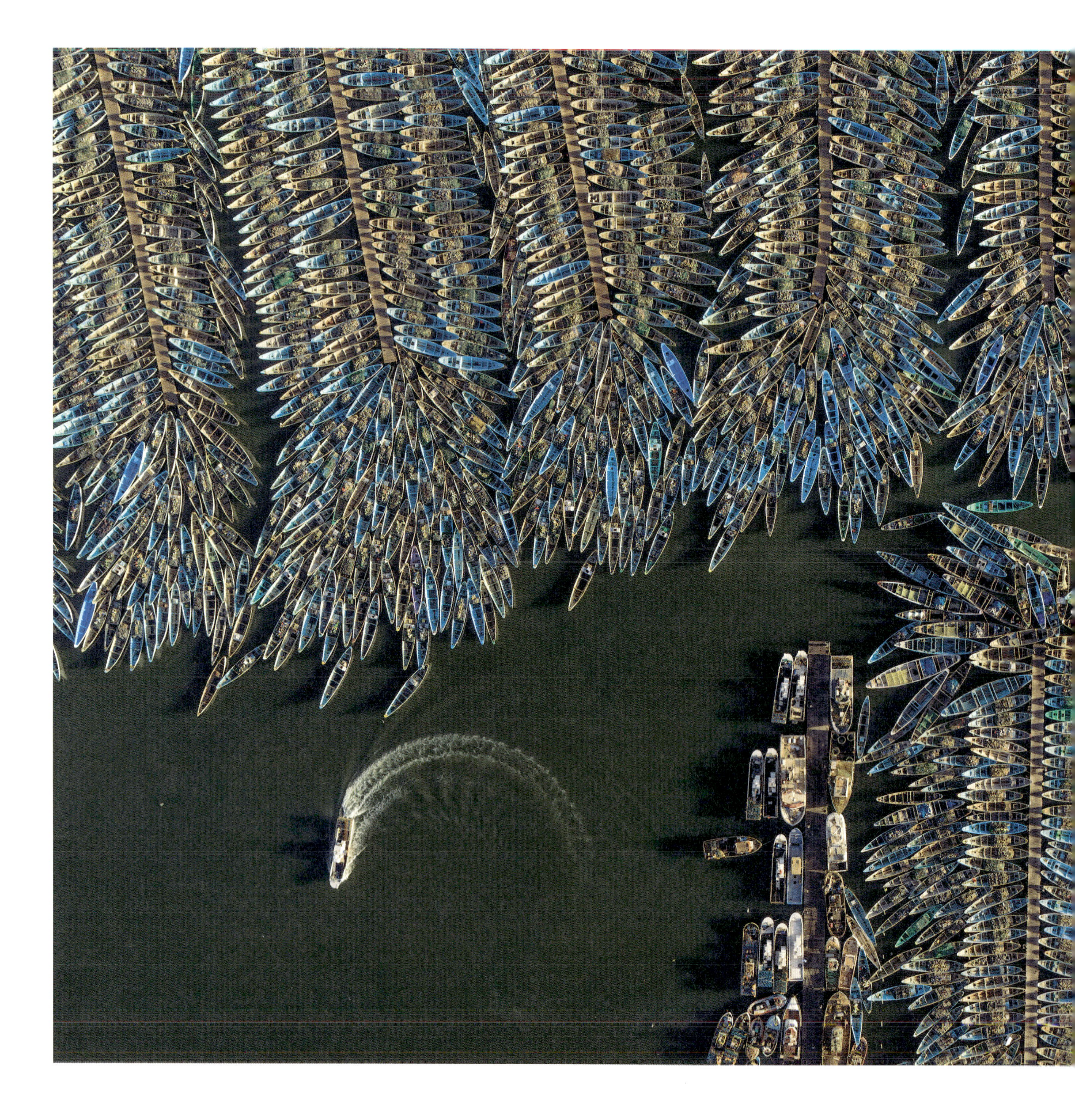

エンジン付きの小型カヌーが、モーリタニアのヌアディブ港を埋め尽くしている。写真の船は、1980年代以降に急増した4000隻もの小型漁船の一部に過ぎない。この海域は豊富な栄養を含む湧昇流のおかげで、世界有数の漁場となっている。地元の漁船の多くは沿岸で繁殖するタコを主な漁獲対象とし、さらに他国からの大型トロール船も遠海魚を求めてやってくる。タコは日本向けの輸出が中心で、モーリタニアの輸出品目の第2位を占めている。しかし、漁業の専門家によれば過去10年間で漁獲量は減少しているという。政府が定める漁獲量を50%も上回る乱獲が原因だ。現在ではタコの繁殖期に毎年2ヵ月の禁漁期間が設けられており、その時期には大量の小型船が停泊するこのような光景が見られる。撮影：2018年4月

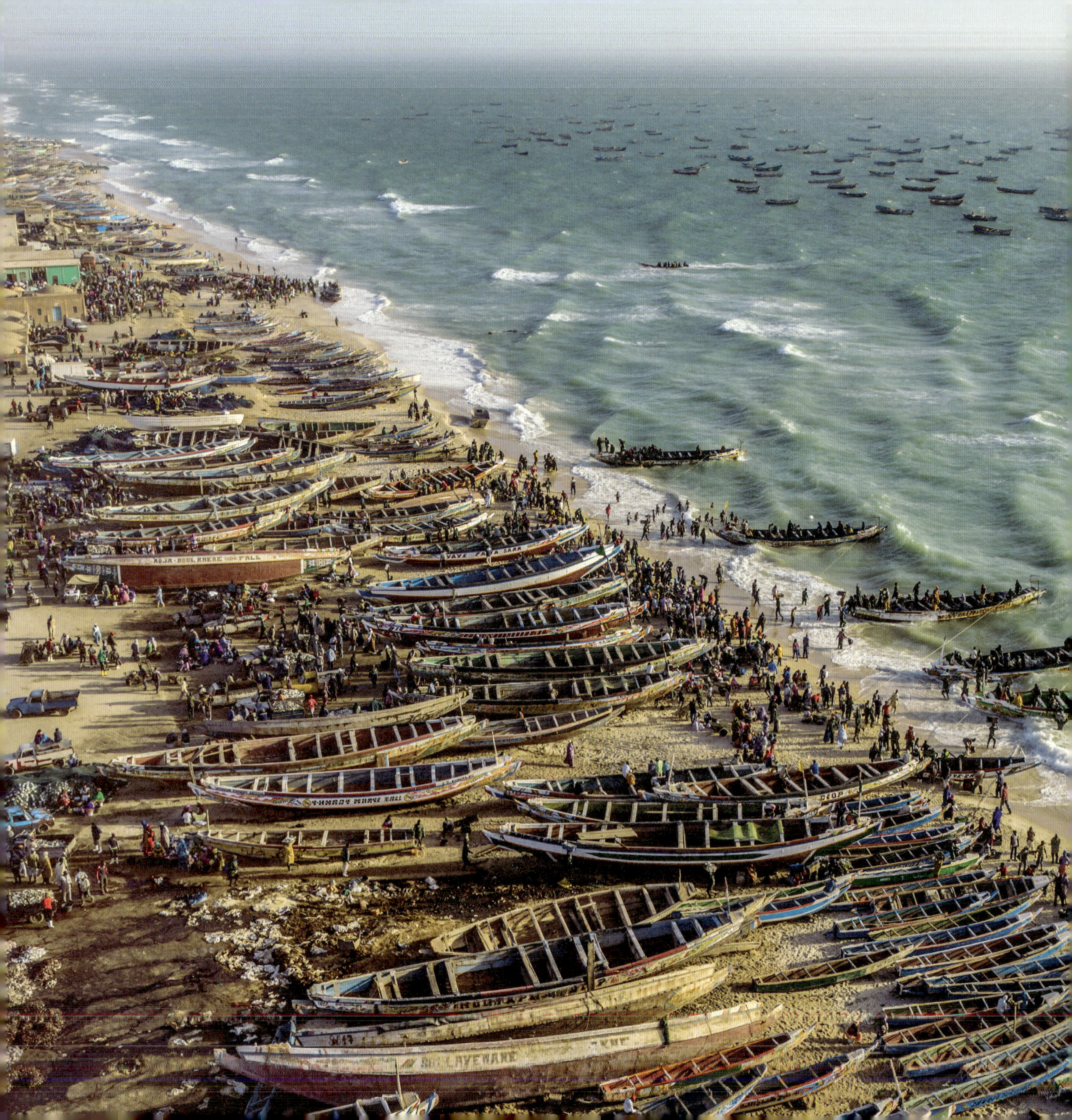

モーリタニアは1960年にフランスから独立した際には遊牧民の国であったが、その後漁業国へと変貌を遂げた。今では、首都ヌアクショットのビーチに何百隻もの小型カヌーが並んでいる（**左**）。公式な年間水揚げ量は約90万トンとされるが、違法漁業や未報告の漁獲を含めるとその倍以上に達するという調査もある。海水温の上昇に伴い多くの魚が北や沖合に移動する中、2023年には隣国セネガルで漁業を巡る争いが暴力沙汰に発展した。カイヤール海洋保護区で、地元の漁師たちが違法に設置された流し網を焼き払ったところ、報復としてムボロの漁師たちが火炎瓶でカイヤールの船を襲撃し、少年1人が死亡、20人が負傷した。政府の介入により漁業者同士の全面的な抗争は防がれたものの、減少する自然資源に依存するこれらの地域には根深い緊張が残っている。現在セネガルでは約60万人が漁業に従事しており、古いタイヤのホイールを網代わりにして休憩中に魚を焼いている小型カヌーの船員（**上**）もその一員。魚は、モーリタニアとセネガルの双方で主要なタンパク源となっている。撮影：2018年5月

モーリタニアのヌアディブの浜辺で、漁師たちが小型のサメやエイを洗浄・乾燥させている。1980年代後半、アジアでサメのヒレの需要が急増し、2013年には1キロあたり約500ドルという高値で取引された。同時期にヨーロッパでもサメの肉への需要が高まり、地元の小規模漁師から産業規模の大型漁船までがサメ漁に参入するようになった。多くのサメは繁殖可能になるまでに十数年かかるため、サメの個体数は激減した。2000年代初頭までには西アフリカの海域で一般的に漁獲される69種のサメとエイのうち20%が絶滅の危機に瀕し、姿を消した種もあった。スタインメッツの取材に応じたマリの労働者らによると、この小型サメのヒレはスープ用として中国へ、肉や頭部はナイジェリアへと出荷されるという。撮影：2018年4月

東シナ海で最大級の漁船団を擁する寧波近くの石浦港で、7カ月半にわたる漁期の開始を待つ漁船群。石浦は1300年代から漁村としての歴史を持つが、現在の沿岸漁業は資源の著しい減少に直面している。中国の漁師たちは国際水域に進出せざるを得なくなり、他国の排他的経済水域での違法な漁業をたびたび指摘されている。1980年代以来、中国政府が遠洋漁業船に補助金支援を続けてきた結果、現在では約3000隻の船が公海で操業している。これは世界最大の遠洋漁船団だ。国内外から圧力を受け、中国政府は補助金を削減し、沿岸漁業の再建を目指して漁期やサイズ制限など厳しい規制を設けるようになった。石浦の地元漁師たちは、規制強化と漁獲量の減少によって、近海の漁で生計を立てることがますます難しくなっていると訴えている。撮影：2017年9月

漁獲加工船のアラスカ・オーシャン号は、オレゴン州の約48キロの沖合で500メートル以上の網を使い、およそ65トンものシロガネダラを引き揚げる。海上油田補給船から改造された全長約114メートルの工場型トロール船は、漁船として米国で最大規模を誇り、北太平洋とベーリング海から毎年約6000トンのシロガネダラと6万5000トンのスケトウダラを水揚げ・加工している。厳格に管理されたスケトウダラ漁は米国で最も盛んな漁業のひとつで、全体の漁獲量の3分の1を占め、多くの研究者や環境団体から持続可能と評価されている。アラスカ・オーシャン号に乗る加工作業員（**右下**）は、1時間あたり約30トンを処理、洗浄、急速冷凍し、淡白な味わいで成長の速いスケトウダラを切り身やフィッシュ・スティック、すり身、魚粉に加工している。その中にはマクドナルドの「フィレオフィッシュ」の具材も含まれる。撮影：2016年5月

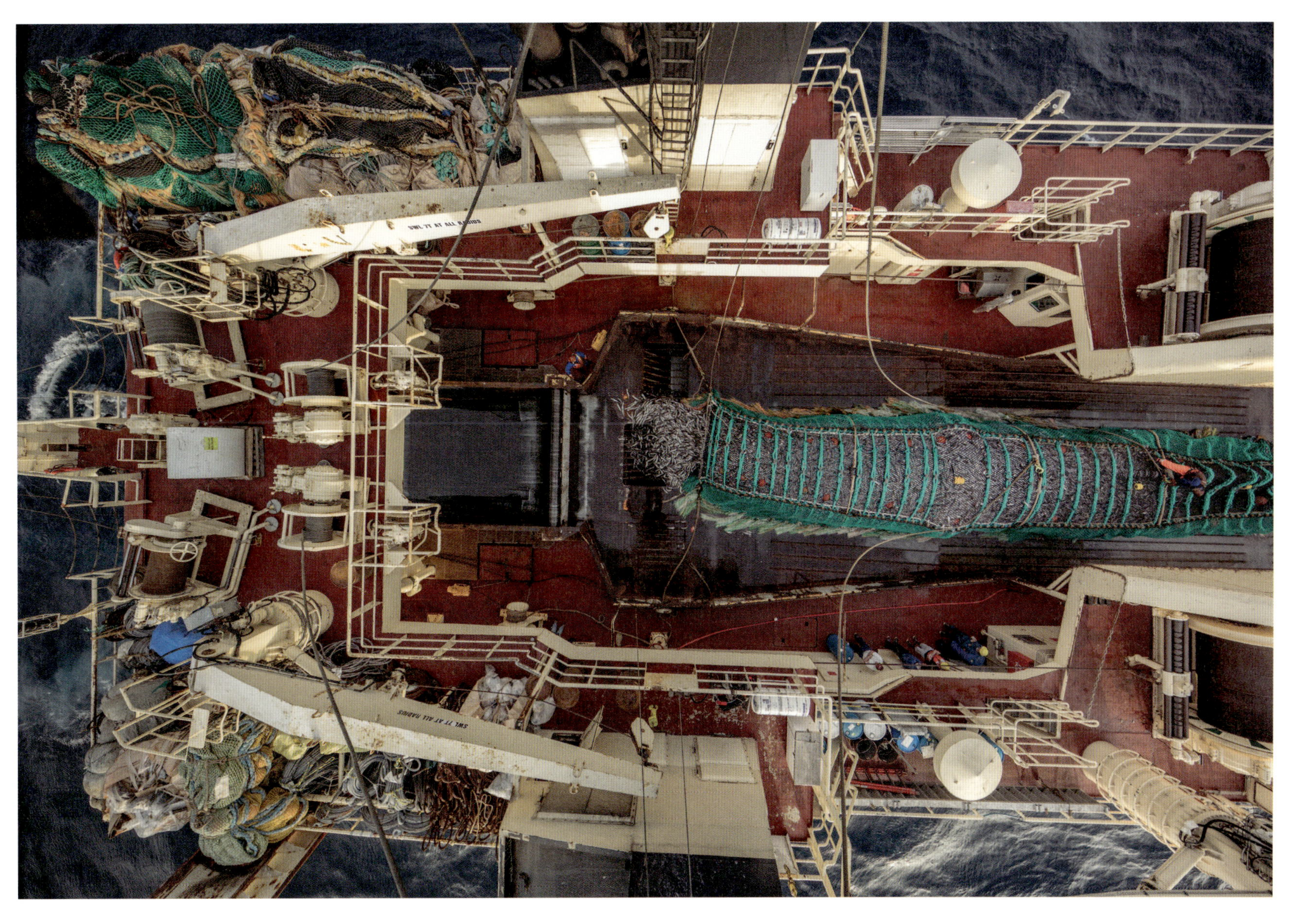

ペルーのチンボテ港に停泊する漁船が、アンチョベータの水揚げを待っている(**上**)。アンチョベータ漁は、重量ベースで世界最大規模の漁業のひとつだ。この脂肪分の多い小型回遊魚は体長約20センチで、ペルーの荒々しい太平洋沿岸の栄養豊富な湧昇流で大群を成して生息している。加工後の魚粉や魚油は、家畜や養殖用の飼料、ペットフード、サプリメント、化粧品の重要な原料となる。ペルー産魚粉の約80%は養魚場の飼料として中国に輸出されており、チンボテの海岸沿いに並ぶ魚粉工場のひとつであるコペインカの工場(**左**)は2013年に中国漁業集団に買収された。ペルーで最大の漁獲割り当てを有していたが、同社は破産し、コペインカは債権者に回収された。ペルーのアンチョベータ漁業は、過去に乱獲やエルニーニョ現象の影響でほぼ崩壊寸前に陥ったが、政府の規制と漁獲割り当てによってどうにか安定が保たれている。撮影:2019年5月

フェニキア人によって発明され、ローマ人によって広められ、ムーア人によって熟練されたクロマグロ漁法「アルマドラバ」は、スペインのアンダルシア地方カディス沖で3000年続けられている巧みな伝統漁法である。アラビア語のアンダルシア方言で「戦いの場」を意味する言葉から名付けられたアルマドラバは、網目の大きい迷路のような網を用いて、毎年春に地中海で産卵するためにジブラルタル海峡を通るクロマグロの群れを捕らえる。1990年代に大西洋のクロマグロの個体数が劇的に減少したため、漁業機関は規制を強化し、個体数は回復してきた。アルマドラバ漁法は、モロッコ、ポルトガル、イタリアでも実践されている。スペインのアルマドラバ漁法によって漁獲されるマグロはほとんどが200キログラムを超えるもので、4月から5月にかけての4～6週間の漁期で1815トンの漁獲枠が設けられている。多くが輸出される日本では、クロマグロは高級食材とされている。長い歴史と受動的な性質から、アルマドラバはクロマグロの個体数の健全性を評価する重要な指標として使われる。撮影：2019年5月

労働者たちが、タイのバンコクに停泊中の冷凍貨物船シーグローリーII号の船倉から冷凍されたカツオとキハダマグロを陸揚げしている。これらの魚は西・中央太平洋で巾着網漁船によって漁獲され、タイ・ユニオン社に売却される。同社は世界最大規模のツナ加工業者で、米国では「チキン・オブ・ザ・シー」、ヨーロッパでは「ジョン・ウェスト」「プティ・ナヴィール」「リューゲン・フィッシュ」のブランド名でツナを販売している。巨大なクロマグロとは異なり、カツオは商業的に漁獲されるマグロ類の中で最も小さく、最も多く生息する種だ。成熟が早く、年間を通じて繁殖するため、特に持続可能性が高い商業マグロ漁業とされている。また、カツオは太平洋の島国にとって、領海内で外国のマグロ漁船に操業許可を与えることで重要な収益源にもなっている。東太平洋のカツオとキハダマグロの漁業は、国際的な漁業条約および管理計画によって厳しく規制されており、その個体数は健全で乱獲の懸念はないとされている。撮影：2020年2月

インドのケララ州コーチ周辺の浅瀬に、張り出し式のエビ漁網が並んでいる。チーク材の板や竹の柱、ロープで作られる支柱構造は明王朝からやってきた中国の探検家、鄭和によってこの地域にもたらされ、15世紀にこの漁法が定着したと言われている。そのため、現地のマラヤーラム語では今でも「チーナワラ」(中国漁網)と呼ばれる。漁師たちは夜間に漁を行い、明るいライトを支柱に吊るしてエビを誘い寄せる**(上)**。約20メートルの幅がある網は石の重りでバランスを取る仕組みになっており、漁師はシーソーのような仕掛けの上を行ったり来たりしながら自分の体重で網を水中に沈め、エビと共に引き上げることができる**(右)**。写真の撮影時、一晩の漁で得られるエビを地元の市場で販売して得られる利益は約500ルピー(約7ドル)だった。撮影:2019年9月

バングラデシュのコックスバザールの主要空港近くでは、約200エーカーにわたる魚の乾燥場が広がっている**（左）**。近隣のベンガル湾の漁師たちが「ナイフ・フィッシュ」などの小魚を持ち込み、浜辺で商人と取引する**（上）**。作業員たちは魚を洗い、屋外の棚で干す。毎年10月から3月にかけて約2万人のバングラデシュ人が魚の乾燥作業に従事しており、500万～600万トンの干し魚が生産される。これらは国内で消費されるだけでなく輸出もされている。この安価な干し魚は「シュトゥキ」と呼ばれ、バングラデシュにおける動物性たんぱく質摂取量の60%を占める。撮影：2017年9月

ブンタウの漁師たちが、潮が満ちるのを待ちながら、ベトナムで広く使われる「トゥンチャイ」の中で漁網を修理している。このお椀形の船は、イギリスで何世紀にもわたって使用されてきた「コラクル」と呼ばれるカゴ舟に似ている。フランス植民地政府がベトナムの伝統的な漁船に税を課すと、地元の漁師たちはこの形の船を使うようになった。当初は竹を編んで牛糞や樹脂を塗ったカゴに過ぎなかったトゥンチャイは、今では安定性が高く、海での漁に適していて、浅い沿岸でも航行が可能なエンジン付きのファイバーグラス製ボートへと進化した。主に近海での網漁に使われているが、水田作業用や洪水多発地域での救命筏(いかだ)として利用される場合もある。1975年のサイゴン陥落時には、帆をつけたトゥンチャイで北ベトナム軍から逃れた家族もいた。撮影：2023年3月

インドネシアの西ヌサ・トゥンガラ州にある人工サンゴ礁の島、ブンギン島には、海のロマと呼ばれるバジャウ族の家が密集している。この島はしばしば、“世界で最も人口密度の高い島”と評される。東南アジア沿岸部で漁業と海藻養殖を生業とするバジャウ族は、約200年前、漁場に近づくためにスラウェシ島からこの砂洲に移住してきた。島の伝統では、結婚するためにはまずサンゴを集めて家の基礎をつくらなければならなかった。そのために島が拡大し、今でも建設が続いているが、経済的な理由から親と同居する夫婦もいる。約3400人のバジャウ族が8.5ヘクタールほどの島に暮らし、人口密度は1平方マイル（約2.6㎢）あたりではおよそ10万人に達する。ブンギン島に比べれば、1平方マイルあたりの人口が約7万3000人のマンハッタン島は静かな郊外のように感じられるかもしれない。撮影：2022年7月

思い出せないほど昔から人類がしてきたように、収入や食料のために魚を釣る人もいる。しかし、世界の多くの釣り人はただ楽しみのために釣りをする。2022年にミネソタ州ガル湖で行われた、若者を支援するNPOのブレイナード・ジェイシーズが毎年開催する「アイスフィッシング・エクストラバガンザ」で約−26度の極寒に挑んだ参加者たちもその一例だ。1991年に小さな町の資金集めイベントとして始まったこの大会は、今では世界最大のチャリティー氷上釣り大会となり、地域の店や企業に年間100万ドル以上、地元の慈善団体に毎年15万ドル以上の収益をもたらしている。開催以来、累計で300万ドルが寄付された。参加費は35〜50ドルで、ポイントの高い魚を釣り上げた上位150人の釣り人には賞品が与えられる。2023年には、テキサス州コーパスクリスティ出身のコディ・サブラトゥラが約4.15キログラムのノーザンパイク（カワカマス）を釣り上げ、GMCのピックアップトラックの新車を獲得した。撮影：2022年1月

全長約77メートルの台湾籍のイカ釣船「シャンファ8号(祥發8号)」は、フォークランド諸島周辺での4ヵ月間の漁期中、「ディナーベル」と呼ばれる明るい電球でアルゼンチンマツイカを誘う**(上)**。船のレールには3000ワットの電球がずらりと並び、さらに別の電球群が数百メートル下の海中に沈められ、プランクトンやそれを捕食するイカを船周囲に引き寄せる**(右上)**。船の周囲に張り巡らされた金属製のキャットウォークからは100本以上の仕掛け糸が垂らされている。運の良い日には、66トンもの食用イカを引き揚げることができる。イカは船内で急速に冷凍され**(右下)**、海上で補給船の燃料や物資と交換される。これにより、シャンファ8号は港に戻ることなく6ヵ月以上海上で漁を続けることが可能となるのだ。南アメリカ大陸の大陸棚のプランクトンが豊富な湧昇域に集まるアルゼンチンマツイカは、海洋で最も多く漁獲される種のひとつであり、年間約1000隻のイカ漁船によって100万トンが水揚げされることもある。一部の漁船はシャンファ8号のようにフォークランド諸島やアルゼンチンから漁業許可を購入しているが、推定600隻が公海上で全く規制を受けずに操業している。漁期中には船団の灯りがあまりにも明るいため、宇宙からでも確認できるほどだ。イカが持つ最大の防御策は、その驚異的な繁殖力にある。繁殖期には、1匹のメスが75万個の卵を産むこともある。撮影:2020年3月

インドのグジャラート州、ジャファラバード港で漁師たちが水揚げを行っている(**上**)。ここでの主な漁獲物は「ボンベイダック」と呼ばれるエソの一種。強い香りと高タンパク質が特徴の中層回遊魚で、カレーやソースの材料として人気がある。インドの多くの食品産業と同様に、ここでも男女で仕事が分担されている。男性は8ヵ月間の漁期中に船で網を引き、女性は屋外のロープで作られた棚で魚を乾燥させる(**左**)。ボンベイダック漁業はインドの北東部および北西部沿岸で100万人以上の労働者を支え、年間約10万トンを生産している。干したボンベイダックはかつてイギリスのインド系コミュニティで人気だったが、伝統的な乾燥場での品質管理の問題から、1997年にイギリスでの輸入が禁止された。政府の研究者たちは虫除けネットを用いた衛生的な乾燥および包装プロセスを推進しているが、古いやり方を変えるのは容易ではない。ボンベイダックの漁獲量は大きく変動するが、近年の研究では乱獲が指摘されている。ジャファラバードの漁師たちはスタインメッツに対し、魚の資源量が減少しているため遠洋に出ざるを得なくなり、貴重な時間と燃料が失われていると語った。撮影：2021年10月

世界最大のベニザケ漁場であるアラスカのブリストル湾では、サケ漁船が大きな運搬船にサケを積み下ろすために列を作っている（**上**）。手つかずの自然が残るベーリング海東部の美しい湾には、9つの主要な河川と数多くの育成湖や浅い河口があり、毎年自分の生まれた川に戻って産卵する5種類の太平洋サケにとって素晴らしい繁殖地となっている。産卵に向かう途中、サケはミス・ジェイ（**右**）のような流し網漁船に何百回と出会うことになる。この漁場は厳格に管理されており、最適な数の産卵魚が川を遡れるよう、監視員が毎日数回操業を開始・停止する。漁獲されたサケは血抜きされ、冷却海水で保存されて陸上のシルバーベイ・シーフード社のような加工場へ運ばれる。そこでは国内外の市場向けに魚がフィレ、冷凍、缶詰に加工されている。漁船は1日で数千ポンドのサケを漁獲することが可能で、撮影当時、ブリストル湾のサケ漁は20億ドルの利益を生み出し、約1万5000人を雇用していた。撮影：2019年7月

ノルウェーのヒョールンフィヨルドの静かで冷たい水面に、大西洋サケ養殖用の生け簀が点在している**（上）**。ハイテクな生け簀1つにつき約20万匹のサケが泳いでおり、魚用ペレットがエアチューブで与えられ、18ヵ月かけて約5キログラムまで成長する。1000以上の深いフィヨルドと魚のフンを洗い流す強い潮流を持つノルウェーは、サケ養殖で世界を牽引している。この養殖場を所有するノルウェーの多国籍企業モウイASA社は世界最大のサーモン養殖加工会社。加工施設**（右ページの右下）**を併設し、その生産量は世界全体の20%を占め、年間収益は50億ユーロに達する。サケはまず国内の豊富な淡水河川の水を使用した孵化場で、卵からスモルト（稚魚）、そしてフライ（幼魚）へと育てられる**（右ページの左下）**。そして約200グラムに達すると、生け簀に移される**（右ページの上）**。出荷後は、病気の発生を抑えるために生け簀を18ヵ月間休ませる。1キログラムの養殖サケを生産するには、魚粉と魚油に加工された魚が1～2キログラム必要だが、現在ではその飼料の約70%が大豆、ヒマワリ、トウモロコシ、小麦、菜種などの作物から供給されている（野生のサケは1キログラム増加するために約10キログラムの野生魚を食べる）。また、エビや紅藻類に自然に含まれるカロテノイドの一種である合成アスタキサンチンが飼料に加えられ、栄養補助として使用されるとともに、野生のサケと同じピンク色の身を作り出している。1960年代に始まった大西洋サケ養殖場によって、サケはマグロに次いで世界で2番目に消費量の多い魚となった。一方で野生の大西洋サケの個体数は激減し、かつて豊富に生息していた地域で深刻な絶滅危機に瀕している。撮影：2016年3月

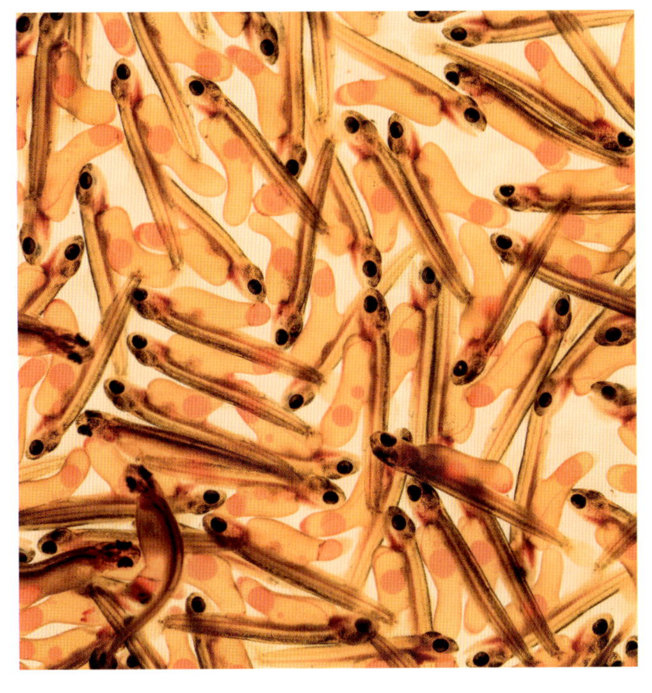

福建省の養殖業者たちは、浅く泥の多い海岸線沿いにある小屋の下に設置したケージでアワビやナマコを養殖している。この地域は今や中国の海産物の一大供給元となった。中国は養殖の発祥地とされ、紀元前475年には養殖者に向けた手引書が作られていた。ここ数十年間の天然魚の漁獲量のピークと需要の増加が相まって養殖業が急成長し、現在では地球上で消費される魚の約半分を供給している。中国は沿岸水域を、陸上の農地を耕作するのと同様に集約的に養殖に充てている。中国は世界の海産物の45%を消費し、35%を生産しているが、そのうちの60%は養殖業が占めている。現在、このような伝統的なケージシステムが主流となっているが、中国政府はより産業化された陸上の循環型タンクシステムを推進している。管理性が高く、環境にも優しいと考えられているためだ。撮影：2013年10月

インドのマニプル州にあるロクタク湖はインド北東部で最大の淡水湖であり、先住民族のメイテイ族の故郷。メイテイ族は何世紀にもわたってこの湖と、その独特な浮遊植物のサークル「プムディ」で漁をしてきた（**上**）。自然に発生するプムディは上部が軟らかくスポンジ状で、水中に広がる水草や堆積物の層と結びついており、湖全体（約260㎢）を漂流している。乾季になると水位が下がり、湖底から栄養を吸収できるようになる。メイテイ族は網やプムディに開けた格子状の穴から落とす箱型の編み込み仕掛けを使って漁を行う（**右**）。しかし、1980年代に建設された大規模な水力発電ダムが湖の水文環境と生態系を大きく変化させた。このダムのせいで魚は上流に遡ることができなくなり、湖の水位は一年中深いままになった。その結果、プムディは必要な栄養を得ることができなくなり、多くが崩壊しつつあるため、メイテイ族の漁場は年々少なくなっている。撮影：2021年10月

成長が早く、安価に栽培できて栄養価が高い海藻が、太平洋の島国キリバスのタビテウエア・ノース環礁の浅瀬で繁茂している。1970年代、伝統的な漁業やコプラ［ココヤシの胚乳を乾燥させたもので、マーガリンや石鹸の材料］生産の代替として南太平洋諸国に導入された海藻養殖は、貧困と栄養不足が深刻な多くの島々で、重要な収入源かつ食料源となるまでに成長した。大半の海藻は現金収入を得るために栽培および輸出されているが、研究者や支援団体は、ビタミン、ミネラル、食物繊維を豊富に含む健康食としての海藻を地元で活用できると考えている。伝統的な食文化が安価な超加工輸入食品に取って代わられたキリバスにおいて、食生活を原因とする疾病の対策となる可能性があるのだ。撮影：1996年4月

バリ島の南東沖にある小さな島々、ヌサ・レンボンガンとヌサ・チェニンガンの間の浅い礁原は、1980年代にこの地域に導入された紅藻の一種であるカラゲナン藻の栽培に理想的な環境だ**(上)**。養殖家たちは苗を浅瀬に張った細いロープに結びつけ、約1ヵ月後に収穫する**(右)**。収穫後、乾燥させた海藻は工場で加工され、アイスクリームから歯磨き粉までのさまざまな製品に使用される増粘剤カラゲナンが抽出される。インドネシアは世界最大級の海藻生産国のひとつだが、バリ島での生産量は、価格の変動、労働の厳しさ、そして急成長する観光業で職に就けばより高収入を得られることなどにより、増減を繰り返してきた。コロナ禍で観光客が激減した際には、小規模な家族経営の海藻栽培地を持つ多くのバリ人が栽培に戻ったが、この伝統産業の将来は依然として不透明である。撮影：2022年7月

SFホラー映画『大アマゾンの半魚人』の一場面のように、タワー状の茶色い昆布の塊が中国山東省の乾燥場を埋め尽くしている(**上**)。その傍らで女性たちがロープに結びつけている紅藻の苗は、沖合の養殖場の再種付けに使用される予定だ(**左**)。中国では2000年以上にわたり海藻が収穫されており、現在も巨大な海藻供給国であり続けている。この成長の早い大型藻類は、料理の食材からヨウ素やその他の医薬品の製造、乳化剤、肥料、繊維、家畜飼料に至るまで、さまざまな用途で活用されている。万能なアオサは肥料や農薬を必要とせず、最適な条件下では1日に約15センチも成長するという。将来的にアオサがカーボンニュートラルなバイオ燃料の原料になる可能性を指摘する研究者もいる。沖合の養殖場が平均で34〜67㎢の広さを持つ山東省は、中国における産業規模の海藻生産の中心地である。大手企業は長い海藻を巨大な回転式乾燥棚に吊るし、風の力で回転させながら砂や小枝、石を取り除いた高品質の商品を生産できる。空気乾燥され、わずかに塩味がついた海藻は中国でおやつとして人気で、洗浄、湯通し、冷却された海藻よりも高値で取引されている。撮影:2016年6月

中国山東省の煙台港では、ナマコ養殖用の生け簀が海に浮かぶチェス盤のように見える。この港は、地元の造船所が1977年に中国初の石油プラットフォームを建造した場所でもある。中国の養殖業の驚異的な成長は、水質の確保や場所を巡って急速な工業化や都市化と相まって、国中が水質汚染の被害を受けている。ナマコはウニやヒトデの仲間で、中国では珍味とされているが、生育には清潔で酸素が豊富な水が必要。ナマコはろ過摂食であるため魚の養殖場からの排泄物や汚れた水を浄化してくれるが、工業廃棄物をきれいにすることはできない。最近では、孵化場で稚ナマコを育ててから自然の生息地に放流する海洋放牧が注目されている。撮影：2016年6月

スマトラ島のランプン州にある世界最大級のエビ養殖場、ブミ・ディパセナでは、エビの生け簀と濁った水が地平線まで広がっている。1990年代初頭、沿岸マングローブ林の約170㎢が開拓され、貧困と過密状態にあるインドネシアの都市から移住してきた約9000世帯に新たな仕事と住居が与えられた。政府によるこの貧困対策は一時的には成功した。1990年代後半の最盛期には、ブミ・ディパセナは1日平均200トンのエビを生産し、輸出によって年間300万ドルの利益を生み出していた。しかし、その後は汚染や管理の不備、エビの病気などが重なり、多くの養殖池が放置されているのが現状だ。過去30年間でインドネシアはエビ養殖のために約6000㎢のマングローブ林を伐採してきたが(世界でも有数の森林伐採率だ)、そのうち半分以上が現在では休耕地となるか放棄されている。大規模な単一生産は極めて効率性が高い一方で、非常に不安定でもある。撮影:2016年12月

インドのアンドラプラデシュ州イエラバラムにあるアバンティ・フローズン・フーズ社の女性従業員たちは、1匹ずつ手作業でエビの殻をむき、背わたを取り、1日に最大44トンものエビを処理している。1600エーカー分の生け簀を所有する同社は、世界のエビ輸出市場を独占するインドでも最大のエビ輸出業者のひとつ。同社の冷凍エビの約75%はアメリカに輸出されており、主要な顧客にはコストコもいる。エビは世界で最も高価値の水産物であり、2022年の推定市場規模は約470億ドルに達しているが、そのうち半分以上(55%)は海ではなく養殖場から供給されている。2017年の研究によれば養殖エビ約0.5キログラムを生産するのに必要な野生魚は約0.4キログラムで、魚油や魚粉に加工し、植物性飼料と混ぜて与えている。撮影:2022年9月

台湾西海岸の芳苑（ファンユエン）の干潟で牡蠣養殖業者が数世紀前から伝わる方法で収穫作業を行い、そのそばで“海の牛”が収穫物を村へ運ぶために待っている。台湾海峡に面した約28㎢のこの干潟では、毎年約3万8600トンの上質な牡蠣が生産されている。ただし、現在では養殖業者が収穫物を運ぶ主な手段はモーター付きの三輪車だ。干潟を歩けるように訓練された牛は貴重な地元の文化的象徴となっており、楽しいバーベキューのために観光客を牡蠣養殖場まで乗せる仕事をこなす牛もいる。撮影：2015年11月

フランス中央部の海岸に位置するヨーロッパで最も古く、かつ最大級の牡蠣養殖地のひとつ、マレンヌ＝オレロン盆地の干潟で、養殖業者たちが牡蠣の世話をしている。牡蠣はろ過摂食のため餌を与える必要はないが、健康な牡蠣を育てるには多くの手間がかかる。ラックから吊るされた袋の中で養殖される牡蠣は、泥や藻を取り除き、隙間を空けて水流が通るように定期的に袋をひっくり返す必要がある。他のフランスの牡蠣生産地と異なり、ここでは成長した牡蠣を袋から取り出し、海岸近くの海水と淡水が混ざり合った浅い汽水池で成熟させる。この池ではカキが植物プランクトンをたっぷりと食べ、ふっくらとした風味豊かな仕上がりになる。ノルマンディー地方全体の牡蠣生産に占める割合は半分に過ぎないが、この地域は牡蠣養殖地として唯一、地理的表示保護の認定を受けており、美食の世界での評価はシャンパーニュに匹敵する。撮影：2022年9月

フランスのブルターニュ地方のモン・サン・ミシェル湾に、「ブショー」と呼ばれる木製の杭が約300㎢にわたって広がっている。この有名な湾では約300人の貝養殖業者が、フランス国内のムール貝生産量の4分の1にあたる年間約1万トンを養殖している(**上**)。ムール貝は牡蠣と同様にろ過摂食のため、水質の改善に役立つとされている。ムール貝養殖のための杭の森は1950年代に湾の干潟の端に設置されたもので、束の間の干潮に手漕ぎボートで作業を行い、再び潮が押し寄せる前に撤退する必要があったという。この地域では満潮と干潮の差が約15メートルにもなるため、アンタレスⅡのような車輪を格納できる新型の水陸両用船が導入され、より時間をかけて稚貝を杭に付けたり袋を収穫したりできるようになった(**左、右ページ上**)。

アンタレスⅡには船を操縦するための2人と、小型船2艇に乗り込む6人のクルーがいる。キャプテンのフランソワ・フルトー（**右の写真の操縦席、いとこのマキシム・フルトーと**）によれば、この船では年間約66トンのムール貝を収穫しており、各杭からは約80キログラムのムール貝がとれるという。これは、祖父が20人のクルーで収穫していた量の3倍に相当する。7月から翌年2月のムール貝シーズンにモン・サン・ミシェルを訪れる観光客は、湾でとれたての、オレンジ色の甘いムール貝を味わうことができる。地元のレストランは他の産地のムール貝は一切提供しないという。撮影：2022年9月

4

肉と乳製品

進化の過程で雑食性動物が誕生し、その中でも人類は常に肉を食べてきた。人類学者たちは、先史時代の石器や化石化した骨に残る刃物の痕、そして祖先の歯を詳しく調査することでこれを明らかにしている。実際、肉食が人類を人類たらしめたという仮説も存在する。アフリカの平原で狩猟部隊を組織し、獲物から得られた余分なカロリーによって巨大な脳が発達したことで、現在のような社会的な動物になることができたと考えられているのだ。

しかし、調理した肉や乳製品への嗜好は、人類にとっても地球にとっても高くつく代償となった。平均的なアメリカ人は生涯で7000頭の動物を食べると推定されている。その内訳は牛11頭、豚27頭、羊30頭、七面鳥80羽、鶏2400羽、魚4500匹。この肉中心の食生活は、心血管疾患、肥満、2型糖尿病、大腸がんのリスクを高める要因となっている。世界的に見ても、食卓に肉を並べるために莫大な資源が費やされている。地球上の農地のおよそ4分の3は食肉および乳製品用動物の飼料作物の栽培やそれらの放牧に使われているが、私たちのカロリー摂取量に占める肉と乳製品の割合は18%に過ぎない。世界で生産される穀物の3分の1以上は家畜の飼料として使用されている。米国産の牛肉は、乳製品、鶏肉、豚肉、卵と比べて28倍の土地と11倍の灌漑用水を必要とし、温室効果ガスの排出量も5倍に上る。農業全体で全温室効果ガス排出量の約30%を占めており、その約半分は畜産業から発生している。アマゾンの森林は、地球の反対側にある中国で増大する肉の需要を満たすため、主に飼料や牛を育てる土地を求めて伐採されている。人間の欲求の中でも最も根源的な食欲に応える農業インフラ——オーストラリア奥地の広大な牧場、アメリカ西部の肥育場、ブラジルの巨大な養豚場、中国の自動化された酪農場——は、想像を絶するほど膨大な土地と動物によって成り立っている。集中家畜飼養施設(CAFO)は75年前にアメリカで始まり、現在ではすべての大陸に広がっている。肉や乳製品にこだわる伝統的・職人的な文化が存続している一方で、肉に対する人類の原始的な渇望を満たすため、産業規模の生産が世界的に増加し続けている。

次のふたつの傾向が今後どのように進んでいくかが、私たちの未来の食文化に大きな影響を与えるだろう。ひとつは生活水準が向上しているか、すでに高い生活水準の国の人々がより多くの肉を欲するという傾向。もうひとつはささやかながらも世界的な動きとして大きくなりつつある、肉を減らしてより多くの野菜や穀物を食べようという傾向だ。専門家は、後者の道が私たち人類にとっても地球にとってもより健全だと指摘している。

ブンダ・ステーションの牛の誘導(オーストラリア、撮影:2022年8月 [152ページ参照])

ブラジル、マットグロッソ州にある6万6700エーカーのカルパ・セラーナ大農場の肥育場では、高品質なネロール種の牛が育っている。この農場によって、インド原産のネロール種はブラジルで主要な肉牛となり、ブラジルは世界最大の牛肉輸出国となった。牛肉の約半分は中国に輸出される。たるみのある皮膚、太陽光や昆虫から皮膚を守る密度の高い白い毛、そしてヨーロッパ種よりも30％多い汗腺を持つネロール種は、熱帯地域に特に適している。カルパ・セラーナ農場では約2万頭の牛を放牧しており、牧草地を大豆の栽培と交互に使用している。ブラジルの牛の大半は草で飼育されており、牧草地や大豆畑の拡大が、マットグロッソ州のような地域での森林破壊の主な要因となっている。2023年には、ブラジル国内の牛の数（2億4200万頭）が国民の数（2億1800万人）を上回った。撮影：2022年4月

約5万頭の牛を飼育するテキサス州トゥリアのラングラー肥育場で、現代のカウボーイたちが馬に乗って牛の健康状態をチェックしている**(左)**。ラングラーは、アマリロに拠点を置くカクタス・フィーダーズ社が所有するテキサス州とカンザス州の10ヵ所の肥育場のひとつで、すべての肥育場を合わせれば50万頭の牛を飼育することができる。ラングラー肥育場では約340キログラムで到着した牛が、1日あたり約9キログラムの乾燥飼料と飼葉を与えられながら、5〜6ヵ月かけて出荷体重に達するまで飼育される。カクタス社は毎年100万頭以上の牛を食肉処理場に送っており、その多くがテキサス州アマリロやカンザス州ホルコムにあるタイソン・フーズ社の牛肉加工工場へと運ばれる。テキサス農業連合会によると、アマリロから半径約240キロ以内の肥育場には、世界のどの地域よりも多くの牛が収容されているという。規模の経済により、大量の牛を肥育場に集中させることで効率的に牛肉を生産できるが、それと同時に大量の廃棄物も発生する。テキサス州ボビーナにあるボビーナ・キャトル・カンパニーでは、通称「ショグ」(「糞の霧(シット・フォグ)」の略)が空気中を漂っている**(上)**。ラングラーのような巨大な肥育場は1960年代に米国で急成長を遂げ、トウモロコシ飼料、遺伝子改良、成長ホルモン注射、飼料添加物の使用により、1頭あたりの牛肉生産量は1950年の約113キログラム未満から、現在では約300キログラム以上に増加した。さらに、カナダやメキシコからの輸入牛の影響もあり、米国の牛肉生産量は1960年から2022年の間にほぼ倍増したが、牛の頭数はほぼ変わっていない。撮影:2020年9月

アイダホ州グランド・ビューにある750エーカーのJ・R・シンプロット肥育場では、15万頭の牛を飼育するための餌が不足することはない。シンプロットは、1950年代にマクドナルドのレストラン向けに冷凍フライドポテトを開発したアイダホ州の大規模ジャガイモ農家だった。彼はジャガイモの屑を牛の飼料として利用できることに気づき、世界最大級の肥育場を設立した。牧場主や酪農家は牛をここに運び、穀物、ジャガイモ、干し草を混ぜた飼料を与えて体重約540〜630キロの出荷体重に達するまで育てる。スネーク川流域の穏やかで乾燥した気候は牛の飼育に最適だが、牛が出す排泄物は近くの川にとって問題となっている。2023年には、年間約5万トンにも及ぶ牛糞の流出によって川を汚染しているとして、この肥育場は環境保護団体から訴訟を起こされた。撮影：2016年8月

オーストラリアでは一般的なロードトレインが1歳の子牛(ウィーナー)を積んで、ノーザンテリトリーに2400㎢以上にわたって広がるウォータールー・ステーションを横断している。約2500万頭の牛と広大な牧畜場、効率的な放牧・牧草地主体の繁殖法を持つオーストラリアは世界第3位の牛肉輸出国であり、牛が放牧されている土地は国土のほぼ半分を占める。ノーザンテリトリーは季節性が強く、11月から4月までの雨季にはやせた土壌がぬかるみになる。牛はその間放牧され、新たに育った牧草を食んで過ごす。その後、これらの子牛は全天候型道路のある牧場のより快適な牧草地で育てられる。ノーザンテリトリーの牛の大半は、ダーウィン港から生きたままインドネシアに輸出される。撮影：2022年8月

オーストラリアのノーザンテリトリー（**上、および144～145ページ**）にある面積約4140㎢のブンダ・ステーションでは、馬やバイク、さらにはヘリコプターを駆使したドローバー［家畜の群れを追い立てる人］たちが、妊娠検査のために2400頭のブラーマン種の若い雌牛を誘導している。これらの雌牛は数ヵ月間大きな放牧地で過ごし、100頭の雌牛に対して約3頭の雄牛で交配されていた。1頭ずつ超音波検査を受けるが、妊娠していない雌牛はさらに数ヵ月間雄牛と過ごすことになる。ブンダ・ステーションの一日は日の出より1時間以上前のスタッフ・ミーティングから始まる。ロドニー“ロケット”カーマンは朝食後の一服を楽しみ、その後水汲みポンプの点検に向かう（**左**）。食堂の屋根には、衛星テレビ、電話、インターネット用のアンテナが設置されている。最寄りの町や舗装された道路まではおよそ180キロだ。ブンダはコンソリデーテッド・パストラル・カンパニー社が所有する9つの牧場のひとつ。同社はオーストラリア全域で合計3万1000㎢におよぶ牧草地とインドネシアのふたつの肥育場を所有しており、30万頭の牛を飼育できる。撮影：2022年8月

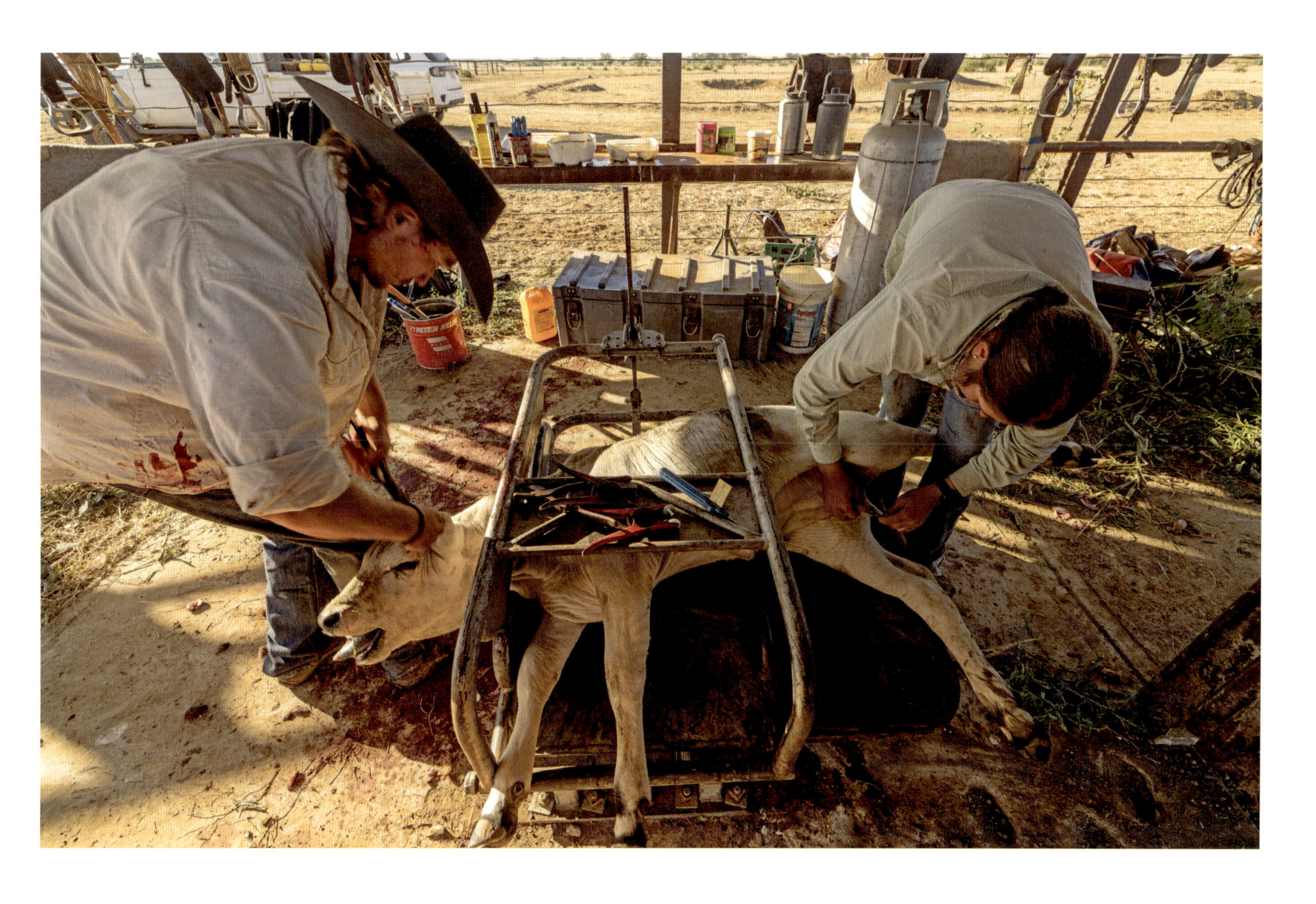

ウェーブ・ヒル・ステーションの子牛にとって、今日は災難な一日だ。オーストラリアのノーザンテリトリーに位置するこの牧場は、約1万2000k㎡もの広大な土地で4万頭のグレイ・ブラーマン種を放牧している。1883年に伝説的なオーストラリアの牛追い人、ナット・ブキャナンによって設立されたこの歴史ある牧場では、毎年牧場の従業員が新しい子牛を母親から引き離し、狭い通路に誘導して焼印台へと運ぶ。子牛たちは除角・去勢され、焼印を押され、耳標とタグを付けられ、さらにボツリヌス菌などの牛の病気に対する予防接種を打たれる。血まみれにはなるが、作業は手早く済ませられる。撮影：2023年6月

オーストラリアのノーザンテリトリーの広大さを象徴するヴィクトリア・リバー・ダウンズ牧場では、囲いから溢れそうなブラーマン種の牛たちが選別を待っている**（左ページ、上）**。かつて、スイスと同規模の約4万1000㎢もの面積を持ち、世界最大の放牧地と考えられていたこの牧場は現在では約3900㎢に縮小され、およそ3万3000頭の牛を飼育している。デクラン・プライス**（白いシャツ）**やフロイド・ピケットのような牛飼いたちは、5月から10月の乾季を通じて牛を集め、選別して販売の準備をする**（左ページ、下）**。現在の所有者であるヘイツベリー・パストラル社は、毎年すべての牧場から約4万頭の去勢牛や雌牛を主にインドネシアやベトナムの肥育場に出荷している。牛飼いたちの作業は夜明けから日暮れまで続き、食事は「銀の弾丸（シルバー・ブレット）」と呼ばれる移動式キッチントレーラーで提供される。このトレーラーには発電機や薪を使った温水シャワーが備わっているが、携帯電話の電波やWi-Fiは利用できない**（上）**。撮影：2023年6月

テキサス州アマリロにあるタイソン・フーズ社の牛肉加工工場では、牛たちが解体される順番を待っている。従業員4000人を抱え、1日に6000頭の牛を解体できるこの工場は、世界一牛肉を消費する（2022年には1200万トン以上）アメリカでも最大規模の食肉処理場だ。牛肉消費量は次いで中国、EU、ブラジル、インドが多い。アメリカ人1人当たりの牛肉消費量は年間平均27キログラムに上るが、最近の調査では、国内で消費される牛肉の半分は全人口のわずか12%、主に50歳から65歳の人々によって消費されていることが明らかになった。肉はアメリカ人の食生活にとって必要不可欠と考えられていたため、2020年春に新型コロナウイルスのパンデミックがタイソン社のような加工工場を襲った際、アメリカ政府は国防生産法を適用して施設の操業継続を命じた。撮影：2019年6月

ブラジルのマットグロッソ・ド・スル州カンポグランデにあるJBS社の牛肉加工工場で、処理された牛が生産ラインを流れている**（上）**。1950年代にブラジルの牧場として創業した同社は現在では世界最大の食肉加工業者となり、世界中で約150ヵ所の牛肉、豚肉、鶏肉の加工施設を運営しているが、違法に開拓されたアマゾンの牧場から牛を購入しているとして環境団体から批判を受けている。他の家畜と比べて成長や繁殖が遅く、多くの飼料を必要とする牛は、現代の食生活においてタンパク質生産効率が最も低い部類に入る。540キログラム程度の牛は通常、骨や脂肪を取り除いて約220キログラムの牛肉を生産する。これは生体重の約40%に過ぎない**（右）**。さらに、牛の反芻消化システムはメタンガスを排出し、飼料栽培などで熱帯雨林伐採の原因ともなっているため、二酸化炭素排出量が最も多い食材でもある。牛肉やその他の反芻動物の肉は地球への負荷が大きいが、世界的な需要は増加し続けており、2000年から2019年までに25%も上昇した。撮影：2013年9月

ベルギー、フランデレン地方の小規模な農場で、ヘント大学のルイーズ・ヴァンロンメル博士**（上の写真の左）**と学生のイヴァンカ・ヴァン・ヒースが帝王切開によるベルジアンブルーの牛の出産を行っている**（上）**。一方、ベルギーのシネーにある種牛牧場では、雄牛が“ティーザー”ブルに乗り、作業員が人工授精用に精液を採取するために陰茎にスリーブを装着している**（左）**。ベルジアンブルー種の牛は、筋肉の成長を阻害するタンパク質を抑える遺伝子を持つように選択的に育種されている。その結果、平均的な牛よりも少ない飼料で、より多くの、そしてより軟らかい牛肉を生産できる“筋肥大”した巨大な牛が生まれる。この品種の欠点は、子牛の体重増加と骨盤開口部の狭小化が原因の分娩困難（ジストシア）である。これにより、推定でベルジアンブルー種の90％以上が帝王切開を必要とする。撮影：2023年6月

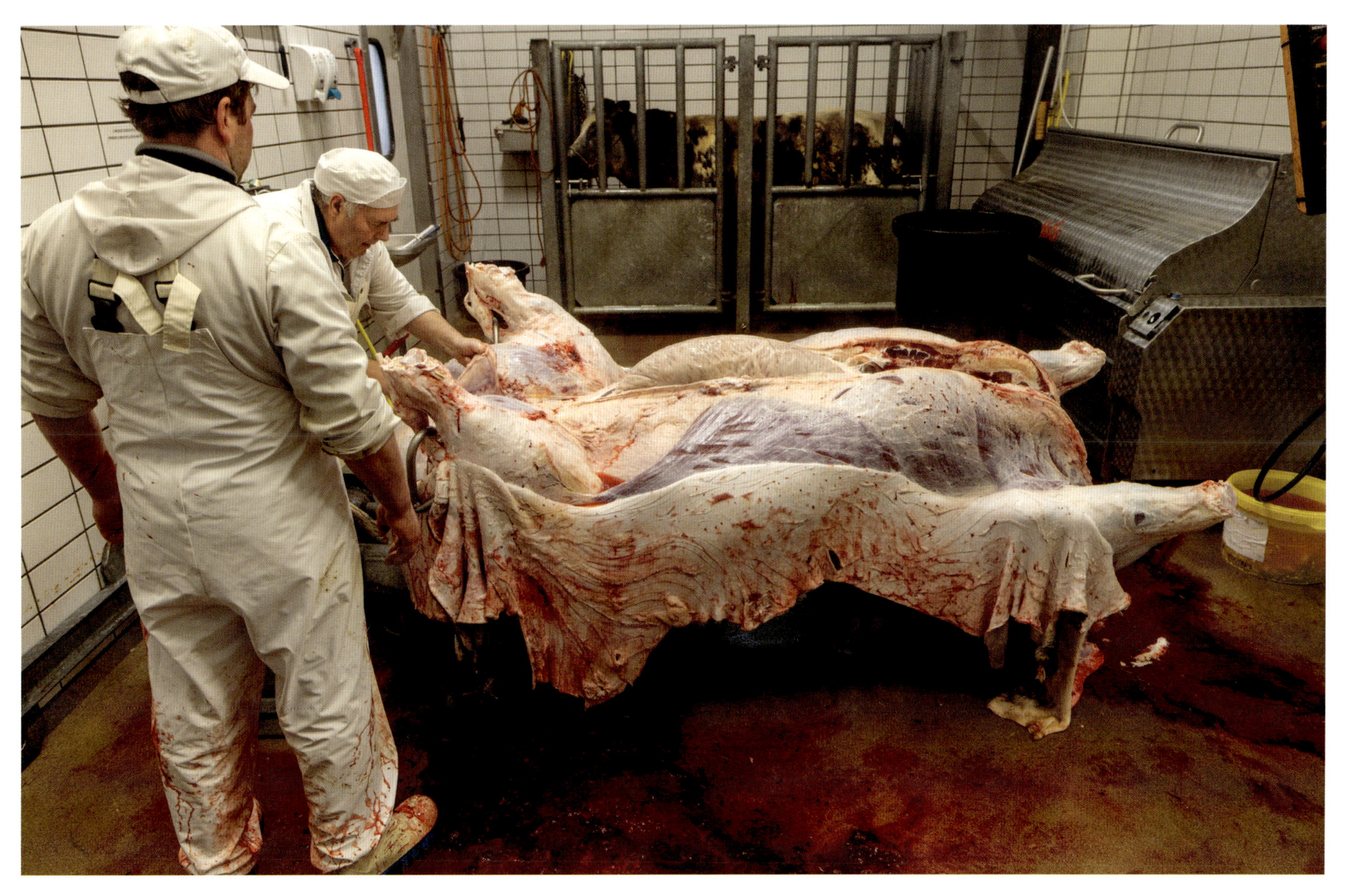

ベルギーのクライスベルゲンにある精肉店スラジェリー・ヴァンデワレで、バーナード・ブルゴワ(**上の写真の右**)とピエター・ヴェルヴァエケが牛の解体作業を行っている。この一族は、1777年に初代ヴァンデワレが創業して以来、7世代にわたってほぼ同じ手法を守り続けている。現在の経営者であるルーベン・ヴァンデワレ(**右**)は、スタインメッツに対し、販売する肉を解体する許可を持つ精肉店はフランデレン地方で自分だけだと語った。食肉処理場と同様に、解体日には政府の検査官を現場に立ち会わせることが義務付けられているという。ヴァンデワレによれば、解体室に運ばれる牛、豚、羊はすべて落ち着いており、頭部へのボルトガンや電気ショックで一瞬のうちに殺される。同店の肉はチェーン店のスーパーマーケットよりも20%ほど高価だが、自ら定めた飼育基準を満たす動物のみを購入している。「肉を食べたいなら、この店の肉が一番です」ヴァンデワレはそう話す。撮影:2023年5月

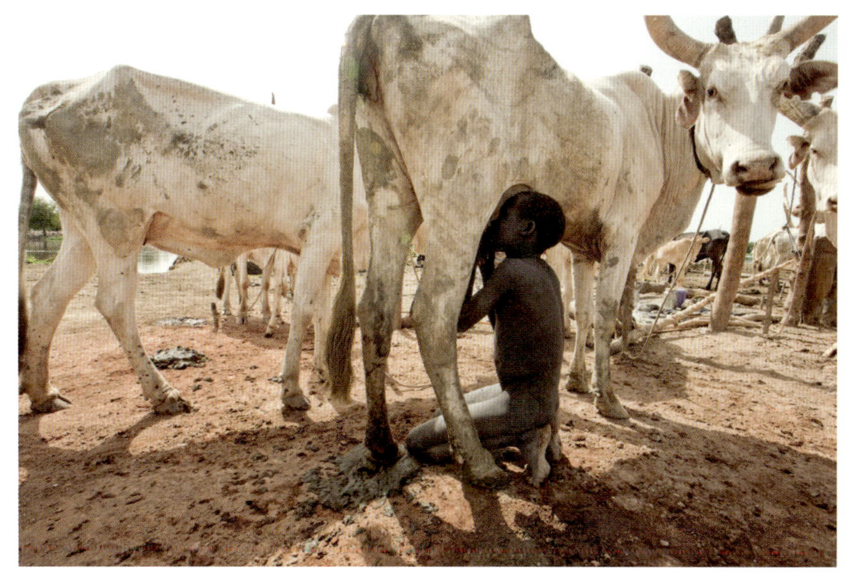

長い角を持つサンガ種の牛が、南スーダンのボル近く、ナイル川沿いのディンカ族の乾季キャンプで群れを成している（**左**）。伝統的な牧畜民であるディンカ族は、大切な牛をこの地に放牧する。牛への情熱がこれほどまでに強い文化はほとんどない。ディンカ族にとって牛は、牛乳を与えてくれ、学費や結婚の持参金、地域社会での名声を得る手段であり、さらには神とのつながりをも意味している。牛は日中草地で放牧され、夜になると伝統的な牧牛地に戻される。そこで若いディンカ族の男性や少年たちが搾乳や世話の方法を学び、牛と自分たちの体に糞を燃やした灰を塗って虫刺されを防いでいる（**上**）。干ばつや洪水、そして長年にわたる内戦によって、2023年には南スーダンの人口の約70％に当たる770万人ほどが深刻な食料不安に直面した。ディンカ族の牧畜民たちはスタインメッツに、収穫期と収穫期の間に常に食料不足に悩まされてきたと語った。一方で自動小銃は近年入手しやすくなり、牛泥棒などの昔ながらの諍いが致命的な争いに変わってしまったという。撮影：2009年5月

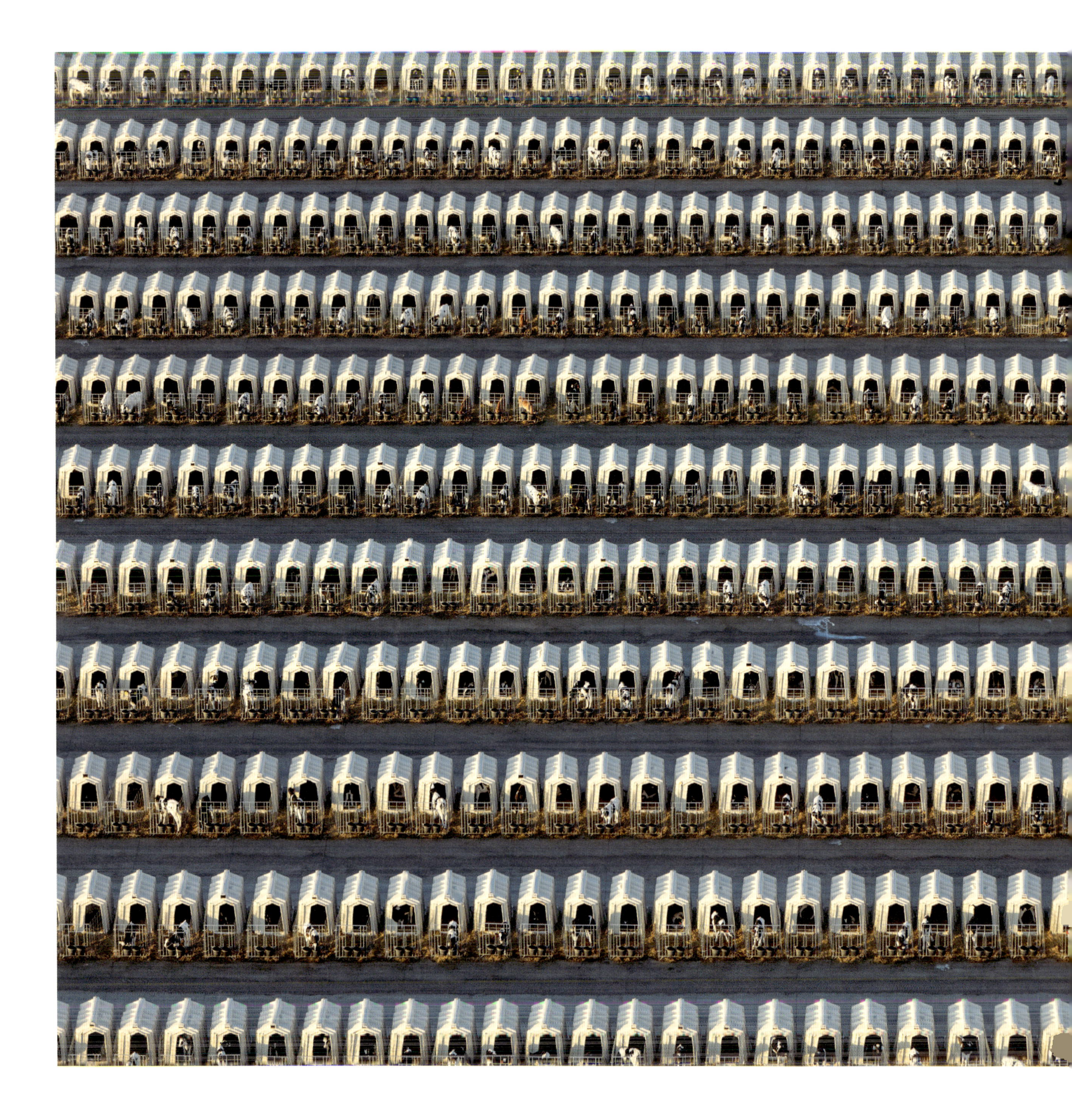

左：ウィスコンシン州グリーンベイ近郊にある巨大な子牛農場「カーフ・ソース」では、約4000棟の小屋（ハッチ）に8000頭の乳牛の子牛の一部が収容されている。この農場の役割は、ミルク・ソース社が所有する複数の巨大乳牛農場の雌の子牛を育てることだ。乳牛は生乳を生産し続けるために妊娠した状態を維持する必要があり、子牛は通常、出産後24時間以内に母親から引き離される。雄や不要な雌は食肉業者に売却される。雌の子牛はこの農場に運ばれて6ヵ月飼育されるが、最初の2ヵ月間は病気の伝染を防ぐために、それぞれが小さな庭付きのハッチに隔離される。“アメリカの酪農地”と呼ばれるウィスコンシン州では、小規模な家族経営の酪農場から産業規模の農場への移行が急激に進んでいる。同州は2022年に過去最高となる約1360万トンの牛乳を生産したが、過去40年間で4万軒の小規模酪農場が姿を消した。撮影：2015年10月

上：モダン・デイリー社が所有する、世界最大級の酪農場のひとつである中国安徽省の蚌埠（ほうふ）農場で、80頭の牛がメリーゴーラウンドのような回転式搾乳装置に乗せられている。伝統的には小規模農家が中心だった中国は、今では農業の垂直統合と規模の経済の恩恵を受けている。蚌埠農場には約4万頭の牛が飼育されているが、親会社であるモダン・ファーミング社は26の農場で約23万頭の牛を飼育し、牧草のアルファルファを育てるための約65㎢の土地を所有している（ただし、この写真の撮影当時、蚌埠農場のアルファルファの多くはユタ州から輸入されたものだとスタインメッツは聞かされた）。自動化が進むモダン・デイリー社では、牛が設備の一端に入り、搾乳機で生乳を搾り取られた後、数時間後には牛乳、ヨーグルト、その他の乳製品のパッケージがもう一方の端から出てくる。2020年には、中国の大酪農企業25社が、国内生産量全体の30％を占めていた。モダン・ファーミング社は2020年に発表した5ヵ年計画で、2025年までに飼育牛を50万頭に倍増させる目標を掲げている。撮影：2016年6月

アイオワ州ガッテンバーグ近郊にあるゲイリー・クリーゲルの農場のように、一部の家族経営の酪農場もハイテク化を進めている。400頭の牛を1日2回から4回搾乳するという過酷な作業を担う労働者を見つけられなかったクリーゲルは、1台約20万ドルのオランダ製搾乳ロボット「レリー・アストロノート4」を6台導入した。現在、牛たちは首輪に装着された送受信機（トランスポンダー）によって個体識別されるだけでなく、毎日の歩数や咀嚼回数も記録される。レーザー技術を活用した搾乳ロボットは、牛ごとの乳頭位置に合わせてポンプを調整することができる。また、乳房の自動洗浄や搾乳量の追跡を行い、それに応じて飼料の量を調整する機能も備えている。大きな投資だったが、これによりクリーゲルは家族2人と従業員1人で酪農場を運営することができ、1874年以来続く家族経営を守り続けている。撮影：2015年10月

豊かな火山性土壌、温暖で湿潤な気候を持ち、そして放牧場（パドック）をつくるための火山岩が豊富にあるアゾレス諸島のテルセイラ島は、乳牛にとって楽園のような場所だ（**右**）。アゾレス諸島では牧草地が全体の約40％を占め、ポルトガルの牛乳の約3分の1、チーズの約半分を生産している。この地域の乳牛はヨーロッパ本土よりも健康で、歩行障害や代謝障害はほとんどなく、寿命は8年から10年。これは、他の地域の畜牛のほぼ2倍だ。テルセイラ島の畜産農家たちは、オーガニック牛乳や、動物福祉基準を満たした「ハッピーカウズ」プログラムの認定牛乳のv生産でも他をリードしている。ジョゼ・エンリケ・ピメンテルとネリア・ピメンテル夫妻の農場は典型的な小規模酪農場で、35頭の牛を飼育し、移動式搾乳機で1日2回搾乳していた（**上**）。しかし、アゾレス諸島では過去10～20年の間に小規模酪農場の統合が進んでいる。若い世代が低賃金で10時間も働く酪農に関心を持たなくなっているからだ。ピメンテル夫妻は家族経営の農場を3代にわたり引き継いできたが、ふたりの子どもたちのどちらも農場を継ぐ意欲を持たなかったため、30年間運営した農場を近隣の農家に売却した。スタインメッツは、彼らが牛たちと過ごす最後の日にこの写真を撮影した。撮影：2022年11月

アルプス地方では、夏に家畜を山岳地帯で放牧するのが古くからの慣習だ。家族経営の酪農場は季節に応じて移動し、伝統的な生活様式を守り続けているが、このような生活が成り立つのは政府の助成金によるところが大きい。牛たちはアルプスの草や花を食べ、その風味が生乳に移り、職人の手で作られるチーズに独特の味わいを与える。ムーゼンアルプでは、ヘルガー家が夏の間に40頭の牛と16頭のヤギを飼育し、その乳からチーズを作っている。このチーズは一家の私設の空中ケーブルを使って運ばれ、地元の市場で高値で販売されている。撮影：2023年9月

スイスの山間部にある道路のないレティヴァ地方では、5月から10月にかけてグリュイエール・チーズが作られている。クロード＝アラン・モティエは息子と助手とともに、直近24時間分の生乳を銅製の大釜に入れ、薪の火で加熱した後、凝乳を濾し、乳清を絞り出している**（右）**。モティエ家のチーズは最低でも135日間熟成され、伝統的な製法を守る地元の家族によって作られたレティヴァチーズのみを扱う協同組合を通じて販売される。秋になると、さまざまな家族経営の酪農場の約600頭の牛が、儀式用の真鍮製の鐘を首に付けられ、エングシュトリゲンアルプから低地の緑豊かな牧草地へと移動させられる**（上）**。高山の牧草地では、初夏に一度だけ新鮮な草が育つため、9月初めには放牧の時期が終わるのだ。撮影：2023年9月

インドのグジャラート州で小さな協同組合として始まったバナス・デイリーは、アジア最大の協同組合型酪農業者、そしておそらく世界最大の統合型酪農業者へと成長した。この地域には約45万の小規模農場が存在し、その中にはダンプラ村にある30頭の家畜を飼育する農場（**左ページの上**）も含まれている。毎日10～20リットルの牛乳が、地域に点在する各収集センターへ運ばれる。写真はラージャスターン州近くのタバー村の収集センター（**上**）。牛乳はタンクローリーによって収集され、パーランプールにあるメインの処理センター（**左ページの左下**）またはデリーやウッタル・プラデーシュ州の施設へ、週に2回運行されるミルクトレイン（**左ページの右下**）で輸送される。バナス・デイリーでは、合計で1日約760万リットル分の乳製品を加工しており、「アムール」のブランド名で販売されている。農家は小売価格の80％以上を収益として受け取ることができる。さらに、協同組合のメンバーは家畜の糞をバナス・デイリーのバイオダイジェスター用に販売することも可能で、この施設では糞を圧縮天然ガスに変換し、車両用燃料として利用している（**右**）。撮影：2022年3月

イタリアのエミリア・ロマーニャ州にあるマガッツィーニ・ジェネラリ・デッレ・タリアーテ倉庫（**上**）では、スローフードを生産するのも一筋縄ではいかない。ここは“チーズのフォートノックス”（金塊貯蔵庫）とも呼ばれ、推定1億5000万ユーロに相当する50万個のホイール型チーズが保管されている。中世のベネディクト会の修道士たちにまで遡る伝統的なパルミジャーノ・レッジャーノの製造は、この80年間厳密に管理されている。牛はパルマ県、レッジョ・エミリア県、モデナ県、ボローニャ県およびマントヴァ県の特定の地域で飼育されたものでなければならず、地元の飼料のみを食べ、発酵飼料（サイレージ）は一切与えられない。約38キロのホイール型チーズ1つを作るのには牛乳が約550リットルも必要で、1年間は熟成させ、7日ごとに裏返してブラシをかける必要がある。1年が経過する頃に専門家がハンマーでチーズを叩いて欠陥がないかを音で確認し、「パルミジャーノ・レッジャーノ」の焼印を押す価値があるかどうかを判断する。認定された場合、さらに24ヵ月から40ヵ月熟成される。一方、ウィスコンシン州プリマスにあるサージェント・フーズ社での作業はもう少し慌ただしい。ここでは、大量市場向けに、自社製のパルメザンチーズを含む約40種類のチーズを包装している（**左**）。撮影：2018年4月（イタリア）／2015年10月（ウィスコンシン）

“砂漠の船”と呼ばれるラクダが、UAEのアルアイン・デイリー社の搾乳場で順番を待っている**（上）**。1981年に設立されたこの酪農場は世界初の商業的なラクダの酪農場で、約1000頭のラクダが1日3回搾乳されている。同社によれば1頭当たりの平均搾乳量は1日約10リットル。同じ酪農場の乳牛は1日およそ36リットルを搾乳できるが、約2倍の飼料を必要とする。また、ラクダは牛とは異なり、気温が25度を超えてもエアコンを必要としない。カザフスタンでは、酪農家の女性が風の強いステップ地帯で100頭のラクダを搾乳している**（右）**。カザフスタンは政府支援によって新たなラクダ飼育の拠点となっており、ソ連時代の集団農場化によって壊滅的な打撃を受けたラクダの個体数はソ連崩壊後に倍増し、現在では約20万頭に達している。ラクダの乳は脂肪分が少なくビタミン、ミネラル、抗酸化物質が豊富で、牛乳よりも消化しやすく、高い健康効果が注目を集めている。撮影：2016年10月（UAE）／2020年7月（カザフスタン）

ブラジル、マットグロッソ州タプラーのセイス・アミーゴス繁殖農場では、皮膚病を防ぐために青色の外用薬を塗布された雌豚が人工授精を待っている**（上）**。1万3500頭の雌豚を飼育するこの施設はブラジルで最大の子豚農場であり、ここで生まれた子豚は食品大手BRF社の委託養豚場に運ばれる。国際的なコングロマリットである同社は、ブラジルで年間400万トン生産される豚肉の約3分の1を供給しており、輸出分のほぼ半分は中国に向けて出荷される。セイス・アミーゴス農場の雌豚は1回の出産で平均約11匹の子豚を産む**（左）**。それぞれの豚は繁殖用に2、3年間使用された後、受胎率が低下すると食肉処理場へと送られる。撮影：2015年2月

中国江蘇省東台市にあるCOFCO社の豚肉加工施設の食肉処理場（解体ライン）で、豚が血抜きされている。この施設は同社が運営する主要な3つの豚の食肉処理場のひとつで、年間65万頭の豚を処理し、「ジョイカム」のブランド名で販売している。過去30年間で中国の肉消費量は着実に増加しており、現在では年間約1億トン、世界の27%を占める世界最大の肉消費国となっている。中国で消費される肉の半分以上は、伝統的に中国人が最も好む豚肉である。中国は約1万年前に家畜としての豚が最初に飼育されたふたつの地域のひとつとされており、現在では世界中の豚の半分が中国に生息している。豚肉は非常に重要な食材のため、中国政府は戦略的に豚肉を備蓄し、豚肉価格が高騰した際には市場に放出する措置を取っている。また、2018年から2019年にかけて発生したアフリカ豚熱の大流行では中国の豚の約30%が死亡または処分されたと推定され、この間に約500万トンの豚肉が輸入された。撮影：2023年6月

左：中国山東省にある臨沂新程金鑼肉製品の加工室で、精肉作業員たちが中国市場向けに豚肉をさまざまな部位に切り分けている。この工場は約4000人の従業員を抱え、1日3万頭の豚を処理できる、世界最大級の豚肉加工施設のひとつ。中国全体の肉消費量は他国を圧倒しているものの、1人あたりの消費量はアメリカの半分にとどまっている。また、これまで主流だった豚肉は、より健康的と考えられる鶏肉や牛肉へと移行しつつある。撮影：2016年6月

上：中国では西洋式のスーパーマーケットが広まっているものの、依然として多くの肉が伝統的な生鮮市場で販売されている。これらの市場では、精肉店の店員が毎日新鮮な肉を切り分け、さまざまな料理に使用される豚の耳から足、内臓に至るまでが陳列されている。上海では、配達員たちが深夜に市内の卸売肉市場で荷物を積み込み、日の出までには2500頭分の解体された豚肉を市内の市場に配達し終わっている。しかし、消費者の嗜好は急速に変化している。若い世代の中国人は工場やオフィスで過ごす時間が増え、家庭で料理をする時間が減っているため、冷凍肉を多く使用する外食や出来合いの食事を選ぶ人が増えている。撮影：2017年3月

アイオワ州クレイトン郡にある、成長段階の異なる1万8000羽の七面鳥を飼育する家族経営の七面鳥農場で、労働者が消毒液を散布している。購入されたひな鳥はトウモロコシと大豆粕にミネラルサプリメントを加えた飼料で育てられ、18週間で約11キログラムに成長する。雌は主に丸ごとの七面鳥として販売され、雄はサンドイッチ用の肉や骨付きモモ肉（ドラムスティック）として加工される。また、七面鳥の糞は近隣のトウモロコシ畑に散布される。このような農場では、家禽の死亡率は約4%とされている。2022年には、七面鳥産業は100億ドル規模の事業となり、アイオワ州で約4万人の雇用を支えていた。このような大規模農場は、集中家畜飼養施設（CAFO）に分類される。近年、アイオワ州ではCAFOの数が劇的に増加しており、多くの河川で農業排水による水質汚染が懸念されている。撮影：2015年10月

1970年代には不毛の地と見なされていたブラジルの森林サバンナ“セラード”は、その後、ブラジルを世界的な農業大国へと変貌させた。特にマットグロッソ州では、ルーカス・ド・リオ・ヴェルデ近郊のマノ・ジュリオ大農場の鶏舎が彼方まで続いている。この農場は、2000年代初頭に極貧状態でこの地域に移り住んだ2人の兄弟によって始められ、現在では地域で最大規模の統合農業企業となっている。トウモロコシ、大豆、綿花の生産に加え、1万8000頭の雌豚、1万8000頭の牛、270万羽の食用鶏、そして年間4300万個の卵を産む24万羽の産卵鶏を飼育している。外来種のユーカリの植林は防風林として機能し、密集した鶏舎を空気感染する病気から守る役割を果たしている。しかし、このような高度に生産性の高い単一生産は、セラードの豊かな生態系を犠牲にして成り立っている。撮影：2015年3月

南米最大の養鶏場であるグランジャ・マンティケイラでは、入り組んだコンベアシステムを通じて卵が川のように流れている。ここでは、毎日840万羽の鶏が産んだ540万個の卵が卵箱に運ばれるまで、一切人の手に触れることはない。ブラジルのマットグロッソ州プリマヴェーラ・ド・レステにある高度に自動化されたこの施設は、生産効率を高め、コストを削減することで、1960年代の「緑の革命」以来世界の農業を支配してきた規模の経済を実現している。しかし、変化の風は別の方向に吹き始めており、同社は動物福祉認証を受けたケージフリー・システムやオーガニック卵の生産に投資を進めている。ますます増えている、家畜の扱いを改善し、化学物質の使用を減らすことを求める消費者の需要に応えるためだ。撮影：2013年9月

伝統と先進的な技術が出会うペンシルベニア州ランカスター郡のアーミッシュ農場で、太陽光発電の自動給餌器を備えた移動式鶏小屋から有機放牧卵を集めている。各鶏小屋には約600羽のロードアイランドレッドと白色レグホンの交配種が収容されており、毎朝新しい牧草地に移動する。鳥たちには、12日ごとに小屋につき約1トンの有機挽きトウモロコシが補助飼料として与えられる。これらの卵は、東ペンシルベニア全域のホールフーズの店舗で販売される。有機放牧卵は従来のケージ飼育卵よりも多くの土地と補助飼料を必要とし、2021年の撮影当時、スーパーマーケットで最も安い従来の卵の約4倍の価格で販売されていた。アメリカで最も産卵鶏の数が多い地域であるランカスター郡では、どちらの農法も盛んに行われている。撮影：2021年5月

中国江蘇省にある2000人の従業員を擁するCPグループの鶏肉加工工場で、マクドナルド、KFC、バーガーキングなどのファストフード・チェーンをはじめとした国内市場向けに食用鶏が加工されている。普段は1日に20万羽の鶏を処理し、中国の祝日前にはその数が倍増する。タイに拠点を置くCPグループは1979年に中国が外資の受け入れを始めた際に進出した最初の企業のひとつであり、現在では東南アジア全域で家禽、豚、動物飼料事業を展開する多国籍コングロマリットに成長した。鶏肉のすべての部位が利用され、脂肪は塗料に、羽毛は動物飼料に加工される。また、中国では鶏の内臓や足、頭も食用として販売されている。同社は“世界の台所”を目指しているが、中国で発生した鳥インフルエンザなどの食品安全問題が原因で、中国産鶏肉の輸入に慎重な姿勢を取っている国もある。撮影：2016年6月

ブラジル、マットグロッソ・ド・スル州シドロランジアにあるセアラ鶏肉加工工場の食堂の光景は、まるで『スター・ウォーズ』のワンシーンのようだ。現在はブラジルの食肉大手JBS社の子会社であるこの工場は、1日あたり17万羽の鶏を処理し、24時間365日稼働している。処理された鶏肉の大部分は輸出され、もも肉は日本、手羽は中国、足はアフリカや中国、胸肉はヨーロッパや中東に送られる。中でもアラブ首長国連邦は、ブラジル産鶏肉の輸入量で中国を凌ぐ。残りの部位は動物飼料やペットフードに加工される。ブラジルは世界最大の鶏肉輸出国であり、2022年には約500万トンの食用鶏を輸出した。撮影：2013年9月

オーストラリア、ニューサウスウェールズ州にある伝説的な羊牧場、マンガダル・ステーションでは、羊飼いたちが約5000頭の雌羊と子羊を囲いに追い込んでいる（**上**）。この牧場は1840年からメリノ種の羊を飼育し、何度も賞を獲得してきた。雌羊は毛を刈られるが、子羊は他の牧場に送られ、数ヵ月間放牧されたあとに解体される。マンガダルでは、約1165㎢の土地で5万頭の羊を飼育しており、常勤スタッフは4人。マンガダルは、オーストラリア全土で約30の牛・羊牧場を運営し、総面積が約4400㎢に及ぶ投資会社パラウェイ・パストラルが所有している。近隣のワイバーン・ステーションは、1880年代から続く家族経営のTAフィールド社が所有しており、オートバイに乗った羊飼いたちが犬を使って3700頭の雌羊を追い込んでいる（**左**）。撮影：2022年8月

世界最大の羊の取引が、ニューサウスウェールズ州南部のワガワガ家畜マーケティング・センターで毎週木曜日（祝日を除く）に行われている。この施設では、年間約200万頭の羊が売買される。トラックが施設の一方に羊を運び入れ（**上**）、買い手たちは反対側でそれらを品定めする（**右**）。この日は約5万7000頭の羊が取引された。そのうち80%はすぐに食肉処理場へ送られるおよそ11ヵ月の子羊で、残りの大部分は地域内の肥育場へ送られる若い羊だった。売り手は、約28キログラムの子羊1頭を平均して200オーストラリアドルで売却している。世界各地で肉類全般の需要が増加し続けている中、オーストラリアの子羊の輸出は急増している。特に中国はオーストラリアの羊肉の主要市場であり、2023年にはオーストラリアの羊肉輸出量が約50万トンに達する見込みだった。撮影：2022年8月

8月の終わり、スイスアルプスのヴァレー州にあるアレッチ氷河の上方に広がる牧草地から、およそ600頭の羊が下山する**（左）**。この共同所有の羊たちは急勾配の高山斜面で夏を過ごす。その間ひとりの羊飼いが、上方の峰と下方の氷河に挟まれた牧草地で羊たちを管理し、外敵から守る。羊たちは、ベラルプにある中世の石造りの家畜囲い「フェリカ」で所有者ごとに区分けされた囲いに分けられ、冬を越すためにそれぞれの家へと帰る**（上）**。撮影：2023年8月

羊飼いのファブリス・ジェックスが、山で3ヵ月以上も一緒に過ごした後で、羊たちにアレッチ渓谷の石造りのつづら道を進ませている(**上**)。スイスアルプスでの牧羊は利益を生む仕事ではない。アルプスの農場収入の80%は政府の助成金に依存しており、その多くは羊、牛、ヤギが提供する環境サービス、特に放牧によって高山の草原が森林化するのを防ぐことに対して支払われている。これにより、地元住民は伝統的な生活様式を維持することができるのだ。当然、羊飼いをヘリコプターで奥地に運ぶ費用も助成金で賄われている(**左**)。撮影:2023年8月

ソマリランドの首都ハルゲイサの家畜市場で、「ジーブル」と呼ばれる仲買人たちが牧畜民と値段交渉をしている。ソマリランドは1991年にソマリアから分離した未承認の共和国であり、世界で最も貧しい地域のひとつ。ヤギやブラックヘッド・ペルシャ種の羊といった小型反芻動物の飼育は地域経済の基盤であり、人口の70%の雇用を生み、GDPの30%を占めている。また、輸出による外貨収入の85%を占め、その外貨は海外から貴重な食料を購入するために使われている。輸出ターミナルにアクセスできるソマリランドの市場は、南中央ソマリアやエチオピアの一部からも牧畜民を引き寄せている。アフリカの角からアラビア半島への生体動物の輸出は世界最大規模とも言われているが、これだけの動物が地域の放牧地に与える影響は深刻だ。ソマリランドの干ばつに晒されやすい放牧地の約70%が、中程度または深刻な劣化状態にあると考えられている。撮影：2023年6月

ソマリランドのベルベラでは、サウジアラビアへと出荷するために、牧畜民たちがヤギやブラックヘッド・ペルシャ種の羊の群れを街中から埠頭まで追い立てている**（左ページの上および下）**。これらの動物は毎年行われるハッジ（巡礼）の際に生け贄として捧げられる。夜間、気温が下がると、ヤギや羊は元スウェーデンのカーフェリーを改造した「リリーJ」のような家畜輸送船に積み込まれる**（上）**。イスラム教の神聖な祝日であるイード・アル＝アドハー（犠牲祭）と重なるハッジの3日目には、神に息子を捧げようとした預言者イブラヒム（旧約聖書およびトーラーではアブラハム）への忠誠を記念して、約260万頭の動物が捧げられる。ハッジはイスラム教の五行（信仰の柱）のひとつで、すべてのムスリムが一生に一度は果たすべき義務とされており、そのために毎年約200万人がメッカを訪れる。これほどの人数のための生け贄用の動物をサウジアラビア国内でまかなうことはできないため、その多くはソマリランドや東アフリカの他の地域の牧畜民によって供給されている。輸出が急増する時期には最大9万頭もの動物がベルベラの検疫施設に収容され、リフトバレー熱、ブルセラ症、口蹄疫の検査を受けることになっている。撮影：2023年6月

上：中国江蘇省にある両生類農家、フェンシャン・シェイの13エーカーの池で、労働者が無数のカエルを点検している。カエルは“田んぼのチキン”とも呼ばれ、少なくとも14世紀から中国の食卓に上ってきた。しかし、本格的にカエルの養殖が始まったのは、1962年にフィデル・カストロが毛沢東に400匹のキューバ産ウシガエルとカエル養殖の専門家を贈ったあとのことだ。ウシガエルは、牛肉より脂肪やコレステロールが少なく、栄養素によってはより多く含まれているため、中国では人気が出始めている。「クンフー・フロッギー」のようなファストフード・チェーンがカエルを提供することで、カエル養殖は約100億ドル規模の産業に成長している。新たに孵化したカエルは、魚粉と穀物を混ぜたペレット飼料で育ち、8ヵ月で約250グラムに成長する。この農場では、カエルの解体、皮剝ぎ、内臓処理を現場で行い、年間約550トンを販売している。撮影：2016年6月

左：これはタイのスリ・アユタヤ・ワニ農場の日常的な風景だ。ここでは、約15万匹のシャムワニが肉と皮革のために飼育されている。1990年代、この種はタイで絶滅寸前にまで乱獲され、野生で生息しているのはわずか100匹程度だと言われている。スリ・アユタヤでは、40年以上にわたり飼育下で繁殖を行っており、CITES（ワシントン条約）によって絶滅危惧種由来の製品を販売するための認可を受けている。このワニ農場はタイ国内最大級で、約1000のワニ農場で120万匹にも及ぶワニを飼育している。また、一部のワニは野生の個体数を補強するために放流されている。ワニの餌となるのは食肉処理場から出る鶏肉の各部位や頭部、内臓など。スリ・アユタヤは、自社内に食肉処理場、なめし工場、高級皮革製品の生産施設を備えている。女性用のワニ革ハンドバッグは約2300ドル、ワニ革スーツ一式は約6000ドルなど、高級志向の顧客向けが多い。スリ・アユタヤの製品のほとんどは中国で販売されている。撮影：2020年1月

サピ島のアブラヤシ農場
(マレーシア、撮影:2016年12月 [224〜225ページ参照])

5

農業の未来

人類の食料には、どのような未来が待っているのだろうか? それは、今後数十年の間に答えを出さなければならない“100億人にかかわる問題”である。わかっているのは、現在の食料生産が、減り続けている資源に依存しているということだ。そして、予想されるように世界の人口増加が緩やかになるとしても、すべての人々が十分な栄養を摂れる食事を確保するためには、生産量を大幅に増やす必要がある。

資源の中でも最も重要なのは水だ。食料生産は淡水に大きく依存しており、毎年利用可能な水の70%を消費している。しかし、世界の穀倉地帯を支えてきたアメリカ中西部や中国華北平原に広がる帯水層は枯渇しつつあり、多くの稲作地を潤しているヒマラヤの大氷河も、地球温暖化による気温上昇で急速に解けている。専門家によれば、地球の平均気温が1度上昇するごとに再生可能な水資源は20%減少する。そして現状、気温は最低でも3度上昇すると考えられている。未来の農家は、極めて効率的に水を利用しなければならないだろう。

次に重要なのが肥料である。肥料を生産しているのはわずか数ヵ国で、そこから世界中に供給されている。しかし、資源の不足や貿易の混乱によって生産量は危機に瀕しており、誤った肥料管理によって水路の汚染や藻類の深刻な異常繁殖も起きている。価格が着実に上昇する中、農家たちは肥料をより効率的に使う方法を学びつつあり、家畜から出る糞尿をリサイクルして利用している。また、植物育種家たちは、根の微生物群を活発にし、より健康で肥沃な土壌をつくる新しい土壌改良材の開発を進めている。

ここで問題となるのが耕作可能な土地だ。地球上の全人口は、主にわずか15センチほどの表土に依存して生きている。しかし、開発、砂漠化、そして劣化によって土壌や耕作可能な土地は驚くべき速さで失われつつある。その結果、さらなる農地をつくるために森林を伐採し、それが大気中への二酸化炭素排出量を増加させるという負の連鎖を引き起こしている。土壌を守り、砂漠化を防ぎ、私たちが生きるために不可欠な農地を改善するには、インセンティブや助成金、技術、法律の設計をより創意工夫を凝らして行う必要があるだろう。

幸いなことに、イノベーションを起こす力という、私たち人類の最も貴重な資源は再生可能だ。多栄養段階農業によって肥料や農薬の必要量を減らし、穀物や、魚介類による持続可能なタンパク源を生産している。一方で、水耕栽培への大規模な投資や、現時点では経済面での実現可能性に課題が残る垂直農業のような革新的なアイデアも、都市化が進む世界での食料供給に役立つ可能性がある。何よりも、人類のずば抜けた技術力と計算能力が、未来の気候に適応できる新しい作物を開発するために活用されている。

インドにおける緑の革命の父と称された偉大な植物育種家M.S.スワミナサンは、長い間、“常緑の革命”を提唱してきた。その目的は、緑の革命の落とし穴を回避しながら収量を増加させ続けることだ。そして今、世界が彼の声に耳を傾け始めている。

モンタナ州北部の高地平原の農家の4代目、ダグ・ヘリンジャー氏が、現在は放置されている祖母の納屋の周りで液体噴霧車（スプレートラック）を走らせている**（左）**。このような納屋は、この地の過去を象徴する存在だ。現在、この地域では土壌に湿気がほとんどないため2年に1回しか小麦を栽培できず、休耕地に雑草が生えるのを防ぐために除草剤を散布する必要がある**（上）**。1900年代初頭、この地域は農業の楽園として押し出され、定住者は連邦政府の「ホームステッド法」により320エーカーの土地をほぼ無料で手に入れることができた。ベビーブームの勢いと豊富な降雨量によって、アメリカ東部やヨーロッパから8万2000人の入植者がモンタナ州にやってきた。しかし、1917年に8年続く乾季が訪れると、州内の農家の半数が農地を失い、移住者のうち7万人が他の地に移っていった。撮影：2021年7月

内モンゴル自治区エジン旗で、ヤギ飼いのデ・チギギの井戸に水を求めるヤギが集まっている**（上）**。この写真が撮影された2000年当時、元は草原だった西ゴビ砂漠地域の多くが、農業のための上流の分水、地下水の過剰な汲み上げ、気候変動による乾燥化の影響で、現代の砂塵地帯（ダストボウル）と化していた。モンゴル高原は中国にとって重要な家畜と穀物の生産地であるが、内モンゴルは約6000万㎢の土地を砂漠化で失っている。これは、国内のどの地域よりも多い。状況を改善するために、過去10年間に政府の大規模な取り組みがいくつか行われ、一定の成果を上げている。たとえば黄河や黒河からの分水を増やすことで、この地域で再び作物を育てられるようにした。乾燥地帯は世界の農地の45％を占めているが、気候変動と持続不可能な農業のせいで、そのうち12％以上が砂漠化によって失われたり劣化したりしている。その影響は世界中で約2億1300万人に及んでいる。撮影：2000年10月

イランのメフリズ近郊の山々から、約60キロ離れたヤズド市まで、2400年前に地下に作られた水供給システム「カナート」にアクセスするための穴が点在している**（右ページの上）**。約3000年から2000年前につくられたこのような手掘りの地下水路は北アフリカから中央アジアに広がる乾燥地域で見られ、重力を利用して山中の帯水層から低地の畑や都市へ水を供給する仕組みになっている。カナートは数年ごとに整備が必要で、ここではサイード・シュクララとアフマド・ザレが協力して堆積物や鉱物の付着物を取り除いている**（右ページの下）**。それを差し引いても、カナートは独創的かつ持続可能な水供給システムと考えられている。イランだけでも推定5万本のカナートが存在しているが、その多くが整備されずに放置されている状態だ。だが、過去10年間の深刻な干ばつによって、イランの水資源管理の担当者たちはこの伝統的な技術を再評価し始めている。撮影：2003年11月

アルジェリア領のサハラ砂漠にあるオアシスでは、地下水路がナツメヤシや果物の木、野菜を潤している(**上**)。この地域では、このような水路は「カナート」ではなく「フォガラ」と呼ばれている。地下水路は高地の湧水を利用し、地中の地形に沿って下流へと流れた後に地表に現れると、アカブリの町のように巧みに水路に分配され、乾いた作物に絶え間なく供給される(**左**)。この古代のシステムは、水位の低下だけでなく、維持管理の仕事に就く若者を見つけなければならないという二重の課題に直面している。撮影：2009年11月

豊富な種類のナツメヤシで北アフリカ中に知られているアルジェリアのオアシス、ウーレッド・サイドの水分配システム「フォガラ」は電気回路に似ている。ここでは、バザ・モハメッドが石製の水門に開けられた指くらいの大きさの水路を掃除している。この村には80キロ以上に及ぶ水路があり、360の細い水路に分かれている。この地域では土地よりも「水利権」を相続することが多い。水がなければ土地は何の役にも立たないからだ。2000年以降、石油が豊富なアルジェリアは、灌漑設備や耕作地の拡大など、農業の発展におよそ300億ドルを投資してきた。しかし、依然として輸入穀物に大きく依存しており、自国で生産する量の3倍を購入している。撮影：2009年11月

年間降水量がわずか20センチほどしかないティンブクトゥは、地球上でも最も暑い場所のひとつ。菜園を営む農家は井戸から手作業で水を汲み上げ、生垣や布製のスクリーンで小さな野菜畑を灼熱の風や熱から守っている。運が良ければピーナッツ、キビ、ジャガイモ、トマト、さらにはメロンまで生産することができるが、近年はその幸運には恵まれていない。侵食が進むサハラ砂漠とサヘル地帯の間に位置するこの歴史的なオアシスはイスラム学問の中心地でもあるが、10年以上続く紛争や政治的不安、頻繁に起こる干ばつにより、住民の食料確保にも苦労している。撮影：2004年10月

世界最大の高温砂漠であるサハラ砂漠でも、十分な水があれば農作物を育てることができる。ニジェールのトゥアレグ族のオアシス、ティミアで、アリマン・エクエルが家族の畑に小麦と大麦を植えている。1970年代と1980年代の大干ばつにより、トゥアレグ族がラクダの放牧に使用していた草地の大部分がサハラ砂漠に呑み込まれ、多くの家畜が失われた。その結果、トゥアレグ族のような伝説的な砂漠の遊牧民の多くは農業へと転向し、現在では雨水や地下水を慎重に小さな畑に引き込んでいる。不規則な降雨、砂漠化、土地の劣化が数十年にわたってニジェールの食料生産を圧迫し続け、国内の子どもの約45%が慢性的な栄養不良に苦しんでいる。2023年には、約300万人が深刻な状況下で食料支援を必要としていた。撮影：1997年12月

アルジェリア中部マグレブ地方にあるオアシス「アジディール」は、移動砂丘の地下約15メートルの井戸から水を引き、500年も菜園を維持してきた。伝統的なグート灌漑が機能している稀な例だ**（左）**。スタインメッツがパラグライダーから撮影したこの写真では、風で砂丘が右から左へと移動しており、最も古いナツメヤシは徐々に埋もれていく一方で、若く繊細な作物は風下に植えられている。北東に位置する別のグート灌漑地帯であるオアシス「ウンム・ダバ」では、男性たちがナツメヤシからデグレット・ノール種のデーツを収穫している**（上）**。「グート・オアシス」として知られる水を利用した伝統的な農業システムは15世紀に開発されたもので、土壌にクレーター状の穴を掘り、地下水の近くにナツメヤシを植える。砂丘の頂上にはヤシの葉で作られた砂よけの柵を設置し、菜園を保護すると同時に砂の移動を遅らせる。ナツメヤシの下には野菜や果樹、さらにはオリーブの木が植えられ、手掘りの井戸で水が供給される。電気の導入によって村人が手作業で水を汲み上げる必要はなくなったが、過剰な汲み上げによって帯水層の水位が著しく低下し、この過酷な環境で存続してきた古代の農業システムが危機に瀕している。撮影：2009年11月

温暖化により夏が長くなり降水量が増えたことで、牛の飼料となる野生の牧草がよく育つようになり、アルプス高地の一部の酪農家に恩恵をもたらしている。イタリア・アルプスのセチェダ近郊に住むトーマス・コンプロイ（**上、青いTシャツ**）が育てる干し草の量は、少年時代と比べて2倍になっている。スイスのウーリ近郊で1683年から干し草作りを続けているヨーゼフ・アシュワンデン（**左、青いパーカー**）の一家は、収穫量が多すぎて保管する納屋のスペースが足りなくなっている。撮影：2023年9月

世界でも最も過酷な砂漠のひとつ、サウジアラビアのルブアルハリ砂漠に、センターピボット灌漑を利用したアルファルファの円形農地が広がっている**（上）**。センターピボット・システムは1950年代にネブラスカ州で発明されたもので、中央から水や肥料をホイール付きの高架灌漑パイプに流し込み、円を描くように回転しながら散水する仕組みだ。ここでは、井戸から化石水を汲み上げて利用している。アルファルファはマメ科の飼料作物で、従来の干し草よりもタンパク質が豊富だが、自然または人工による大量の降水が必要となる。水資源の枯渇を防ぐため、サウジアラビアは2019年にアルファルファの栽培を禁止し、現在このワディ・アド・ダワシル地域は再び砂漠へと戻っている。同国は現在、巨大酪農場の牛に与えるアルファルファを輸入しており、その多くはカリフォルニア州とアリゾナ州のコロラド川下流域から来ている。アルファルファ畑の南約96キロにある町アル・ファーウで、スタインメッツは飼料を運ぶ途中で立ち往生したトラックに遭遇した**（右）**。撮影：2022年2月

移民労働者たちがルブアルハリ砂漠の端でトマトを収穫している。石油資源に富むサウジアラビア王国は、過去60年間で約2万4000㎢の砂漠を耕作地に変えるため、センターピボット灌漑システムを利用してアル・ワジドのような帯水層から水を汲み上げてきた。アル・ワジドは3万年以上前から存在する再生不可能な化石水源である。しかし、2000年代初頭までに多くの水源は枯渇し、聖書の時代から湿地帯であったオアシスは干上がり、サウジアラビアは灌漑地の半分を失った。水文学者の推定では、過剰な汲み上げによりアル・ワジド帯水層の水位は200メートル以上も低下し、多くのセンターピボット灌漑設備が放棄されている。一部の地域では、今後10～15年で帯水層が完全に枯渇する可能性があるという。こうした厳しい状況下で、サウジアラビアは必要な食料の最大80%を輸入に頼っており、トマトに至っては3分の2を海外から輸入している。撮影：2002年2月

1951年に設立された、カンザス州フィニー郡のハイプレーンズにあるブルックオーバー肥育場は、米国中西部における灌漑農業と肉牛肥育産業の先駆けとなった。現在は10万頭の牛を収容できる3つの肥育場と3000エーカーの灌漑農地を運営しており、この写真の肥育場に隣接するセンターピボット灌漑の円形農地もそのひとつである。トウモロコシ、家畜、そして都市は膨大な量の水を必要とするが、この地域の年間平均降水量はわずか46センチほどしかない。そのため、カンザス州民は70〜80%の水をオガララ帯水層などのハイプレーンズ帯水層から得ている。カンザス州西部の農家はかつて、この帯水層が無限にあると考えていた。しかし、成育期には1日平均約95億リットルもの水を汲み上げる灌漑農業の大規模な拡大により、フィニー郡では帯水層の水位が約30メートルから9メートルにまで低下した。州内の一部の地域では、すでに帯水層が枯渇しているところもある。他の帯水層も数十年以内には枯れてしまうかもしれない。撮影：2013年2月

メキシコ、バハ・カリフォルニアのコルテス海にかろうじて流れ込む、ほとんど干上がったコロラド川のデルタ地帯ほど、地球の水資源の過剰利用を象徴する場所は他にないだろう。1900年代初頭、この地は北米最大の湿地帯だった。当時は約8500㎢も広がるメスキートとヤナギが、渡り鳥の大群やジャガー、そして北部湾岸の豊かな漁場の生命を支えていた。しかし現在、この地域は広大な砂地となっている。ダムと各地の灌漑プロジェクトによってコロラド川の水の90%は奪われ、その水は南西部アメリカの4000万人以上の人々と約2万3000㎢の乾燥地帯に供給されている。撮影：2001年3月

スペイン北部のシエラ・デ・アルクビエレ山脈から、エブロ川流域で最も乾燥した地域に小麦畑が広がっている。この地域の収穫量は降雨に大きく依存しており、多くの農家は収穫後に1年間畑を休ませる。2020年代初頭の春の記録的な高温と2年間の干ばつが重なり、スペインの穀物生産は3分の1に減少し、国内需要の半分以上を輸入に頼らざるを得なくなった。その多くは大規模な畜産業の飼料として使われている。EUが小規模農家に対して寛大な補助金を出しているにもかかわらず、スペインは他国からの穀物に大きく依存し続けており、EUの年間穀物輸入の約70%をスペインが占めている。しかし、これはスペインだけの問題ではない。研究者たちは、2050年までに世界人口の半数が生きるために輸入食品に依存することになると予測している。撮影：2022年10月

中国南部の標高約5500メートルの玉龍雪山が、シェウソン村を見下ろしている。その氷河は観光客を引き寄せ、融水が麓の段々畑を潤す。地球温暖化が進む中、この地域の多くの氷河と同様に玉龍雪山の白水氷河も1982年から2018年の間に質量の60%を失い、約250メートルも山の上方へと後退した。通常このような氷河は凍りついた貯水池となり、冬には水を蓄え、作物が最も必要とする春から夏にゆっくりと水を供給する。白水氷河は長江上流に流れ込むが、その流域では中国の食料の3分の1が生産されている。温暖化が進む世界では、夏期の融水の減少が大きな問題となる。特に中国のように、世界人口の約20%を占める人々を地球上の淡水資源のわずか7%で養う必要がある国にとっては深刻な事態だ。撮影：2006年10月

インダス川が北インドのラダック地方を蛇行しながら流れる岸辺に、イエローポプラやヤナギが立ち並んでいる（**上**）。この地はヒマラヤの風下に位置する高地の砂漠であり、大麦を脱穀している家族（**右**）のような農家たちはヒンドゥークシュ山脈とヒマラヤ山脈の氷河から自然に流れる融水で灌漑し、主食となる作物や野菜、果物を育てている。"第三の極地"として知られるこの氷雪地帯は、極地の氷床を除けば世界最大の淡水量を保持しており、アジアの主要10河川の源流である。これらの河川は、地球人口の40%に食料と水を供給している。しかし、気温の上昇と化石燃料の燃焼による黒い煤とが相まって、現在この地域のすべての氷河が質量を失い続けている。研究者によれば、地球温暖化の急速な進行により、第三の極地の氷河の容積の35〜75%が2100年までに失われる可能性がある。撮影：2011年10月

アムステルダム北部のエイセル湖の水から趣ある村とその周辺の畑を守るために、長い堤防がつくられている**(上)**。かつては北海の一部のゾイデル海に属していたこの湖は、1930年代に堰き止められて淡水湖となった。その後数十年にわたり、オランダは堤防を築き、湖底を干拓した広い土地に新しい農地や村を作った。1968年までには、かつての入り江のうち2000k㎡以上が新たな陸地となっていた。しかし、海も抵抗している。オランダ沿岸では海面が年間約2.5ミリ上昇しており、これは20世紀の平均より50%も速いペースだ。一方、干拓した農地は年間約7.6ミリ沈んでいる。オランダ政府は堤防を2メートルほど高くし、その上に高潮防止の障壁を設けるのに200億ドルを費やすことを余儀なくされている。オランダにとって、海を農地に変えるのは目新しいことではない。1740年ごろ、キンデルダイクでために風車が建設された。この歴史ある構造物のうち19基は今でも現役で、ディーゼルポンプが故障した場合に備えて稼働できる状態に保たれている**(左)**。現在、オランダの国土の4分の1以上は海面下にある。撮影：2011年11月

ジャムナ川の洪水が引くと、村人たちはバングラデシュの首都ダッカの上流にある肥沃な沈泥に覆われた島々に戻り、漁業や農業を再開する。特にジュートはこの国の古くからの換金作物であり、南北戦争では綿花の梱包用の麻袋に、第一次世界大戦では塹壕用の土嚢に使われた。標高が低く地形が平坦で、暑く湿潤、モンスーン期には年間約150〜300センチの降雨があり、頻繁に台風にも見舞われるバングラデシュは、気候変動と海面上昇の影響を最も受けやすい国のひとつ。2050年までに予測されている約48センチの海面上昇が現実になれば、国土の11%が沈み、1800万人が移住しなければならない可能性がある。もしそうなれば、人類史上最大規模の大量移住となるだろう。撮影：2017年9月

カリフォルニア州サリナス・バレーの地下にある帯水層は、アメリカで最も生産性の高い約780㎢の農地に灌漑用水を供給している。この地域では国内で消費されるレタス、セロリ、ブロッコリーの半分以上を生産し、その他150種類もの作物を栽培しており、年間生産額は約40億ドルに達する。しかし、過去1世紀の間に掘削された何百本もの未規制の灌漑用井戸がモントレー郡の“緑の黄金”を危険にさらしている。これらの井戸が帯水層に海水を引き込み、サリナス・バレー下流域の農業用水と飲料水の両方を汚染するおそれがあるのだ。地球の温暖化と乾燥化が進めば、農家と自治体の間で水を巡る対立がさらに深まることが予測される。撮影：2013年10月

ユタ州モアブ近郊にあるイントレピッド・ポタッシュ鉱山の蒸発池は砂漠の中につくられたプールのようだが、実際にはコロラド川の水がパラドックス盆地の塩化カリウム層に注入され、その後人工の貯水池に汲み上げられたものだ。青く染められているのは蒸発を速めるため。残されたカリウムと塩は、肥料や家畜用飼料の栄養補助剤として利用される。カリウムは、窒素およびリンとともに植物の生長に不可欠な3つの主要栄養素のひとつであり、世界の作物収量の40〜60%を支えているとされる農業用肥料の極めて重要な要素だ。窒素は天然ガスから合成されるが、カリウムとリンは世界に点在する大規模な鉱床から採掘される。カナダはカリ肥料の生産で群を抜いて世界のトップに立つが、次いで生産量が多いロシアとベラルーシに対する近年の禁輸措置により、多くの地域で価格と供給に大きな影響が生じている。アメリカ地質調査所は、パラドックス盆地に約20億トンのカリウムが埋蔵されていると推定している。この量は世界の需要を賄うのに十分すぎるほどだが、埋まっている位置が深すぎるか、採掘が困難で現在の価値には見合わない。イントレピッド鉱山は年間10万トンを生産している。撮影：2021年6月

干潮時、モザンビークのベンゲラ島の村人たちは数百メートルもの長さの網を投げ入れ、バザルト諸島の浅瀬から湾内に向かう魚を捕まえる。この方法で内湾の魚を根こそぎ捕獲できる（**左**）。キリンバス諸島のケロ・ニウニ島の浅瀬では、女性たちが家族の食料を確保するため、蚊帳としても使えそうなほど目の細かい網を使って漁をしている（**一番上**）。また、外洋では、漁師たちがボートの下に潜って魚を網に追い込み、逃げないようにしていた（**上**）。写真の撮影当時、ここは大型魚が捕れる最後の場所だった。しかし、この日は燃料代もまかなえないほどのわずかな漁獲量で戻ってきた。最近の研究によれば、1950年から2016年の間にモザンビークの魚の数は93％減少したと推定されており、沿岸の自給的漁業コミュニティの多くが深刻な影響を受けている。撮影：2012年10月

魚商たちが、紀元前4世紀から漁船団の拠点となってきたバングラデシュの歴史的なチッタゴン港に群がっている。バングラデシュの人々は20年前と比べて魚の摂取量が30%増えているにもかかわらず、摂取する栄養素は減少している。天然の魚から、たんぱく質は多いが重要な微量栄養素が少ない養殖魚に食生活が移行したためだ。この傾向は世界的にも懸念されている。世界の漁獲量は1990年代にピークを迎えたが、乱獲、汚染、環境破壊により多くの地域で野生魚の個体数が減少している。推定によれば、海洋魚類の89%が乱獲されるか最大限の量で漁獲されており、海洋生態系の総数も生物多様性も減少傾向にある。バングラデシュは養殖水産物の生産で世界第6位であるにもかかわらず、栄養失調者の割合が最も高い国のひとつであり、5歳未満の子どもの3人にひとり以上が栄養不良による発育不全に苦しんでいる。実際、世界人口の3分の1が少なくとも1種類の微量栄養素不足に陥っており、健康面での悪影響を及ぼす最も一般的な原因のひとつとなっている。撮影：2017年9月

1980年代初頭、長江デルタに位置する中国で5番目(淡水湖としては3番目)に大きい湖、太湖は、その澄んだ淡水で全国から観光客を引き寄せていた。しかし、1990年代に藻類の異常繁殖(写真では魚網が並ぶ浅瀬に見られる)が始まり、毎年夏には最大で1500k㎡以上を覆うようになった。現在、この湖は中国における淡水汚染を象徴する存在となっている。藻類は温暖で栄養豊富な水域で繁殖しやすく、周辺の工業地帯からの窒素やリンの汚染、4000万人以上が利用する下水処理場からの排水、さらに3万6000k㎡以上の農地からの肥料流出が増加の原因となっている。また、1980年代に湖で始まった集約的な水産養殖からの廃棄物も栄養負荷の一因だ。2019年、太湖では生態系の回復を図るためにすべての養殖業が禁止された。しかし、他の栄養汚染源の管理は困難だった。数十年にわたる政府の対策プログラムと約140億ドルの費用投入にもかかわらず、藻類の異常繁殖は依然として収まっていない。また、この現象は世界の多くの地域でも継続的な問題となっている。人間の産業活動や農業により、河川流域の窒素量は2倍に、リンは3倍に増加した。その結果、栄養過剰により、世界中の水路や沿岸部で400ヵ所以上の"死の領域"が生まれている。撮影:2017年8月

上：アメリカで消費されるレタスの半分を生産しているカリフォルニア州サリナス・バレーのレタス畑で、ヘリコプターの農薬散布機が殺虫剤と殺菌剤の混合液を散布している。混合農薬は1960年代の「緑の革命」で重要な役割を果たし、その後20年間で世界の穀物生産量はほぼ3倍になった。現在、アメリカでは年間約4億5000万リットル、世界全体では約25億4000万リットルもの農薬が使用されている。これにより、食事に含まれる果物や野菜の収量と多様性が大幅に向上した一方で、毎年推定3億8500万人、つまり世界の農業従事者の44%が農薬中毒に苦しんでいるという問題も引き起こしている。撮影：2013年10月

下：カリフォルニア州ワトソンビル近郊の有機イチゴ畑では、トラクターに取り付けられたバキューム装置が、州内のベリー作物に毎年最大で2億ドルもの被害を与えるリグスバグを吸い取っている。カリフォルニア州は、有機農場の数（2021年には3061ヵ所）と認定有機農地面積（80万エーカー以上）がアメリカで最も多い州であり、これらの農地では農薬を使用することができない。有機農業は1990年の有機食品生産法制定以降アメリカで増加してきたが、農薬の使用量はその後2倍以上に増加している。広範なメタ研究によると、有機作物の収量は従来の作物より約20%少ないが、多品種栽培や輪作を活用することでその差は約9%まで縮めることができる。また、両方の生産方法を比較した長期的なフィールド試験では、干ばつやその他の悪条件下において、特定の有機作物の収量が従来の作物を上回ることも確認されている。撮影：2016年5月

ブラジルのマットグロッソ州では、アマゾン熱帯雨林の一部が焼かれ、トウモロコシや大豆の新しい農地がつくられている。この50年間で、ブラジルは国内にあるアマゾン熱帯雨林の5分の1、約77万㎢を農地に変えてきた。森林を農地に変える際には大量の二酸化炭素が排出されるため、毎年人為的に排出される温室効果ガスの約3分の1を農業が占める一因となっている。科学者たちは、予測される人口の100億人を養うには、2050年までに世界の食料生産量を60〜70％増やす必要があると推定している。しかも、二酸化炭素を吸収する森林をこれ以上伐採することなくそれを達成しなければならない。現在、地球の植生のある土地の半分は農業に利用されているが、収量を増やしたり、食事内容を変えたりしない限り、2050年までにさらに約600万㎢の森林が失われる可能性がある。そうなれば野生動物だけでなく、作物の生長に適した安定した気候も脅かされることになるだろう。撮影：2013年8月

ブラジルのパラー州イタイツーバ付近では、広大な熱帯雨林が牧場、伐採、そして金採掘のために失われている。ブラジルは、温室効果ガス排出量の約半分を占める森林伐採を廃止するための取り組みを続けているが、環境法の運用は政権を担う政党によって大きく異なる。人権団体のヒューマン・ライツ・ウォッチによれば、過去10年間で、この地域での森林伐採を阻止しようとした約300人の環境活動家、政府の規制担当者、森林を保護する先住民が殺害されている。イタイツーバは違法な森林伐採の温床であり、長年任期を務める市長でさえ繰り返し罰金を科されている。撮影：2013年8月

マレーシアのサバ州でウィルマー・インターナショナル社が管理する1万4800エーカーのサピ農園では、丘陵地が一面アブラヤシで覆われている**（左、および192〜193ページ）**。アブラヤシからは大豆の6倍の油を生産でき、多岐にわたって使用される。この数十年で、パーム油のプランテーションは東南アジアやアフリカ全域で急増した。シンガポールを拠点とするウィルマー社はインドネシアを中心に2400㎢以上の農園を管理しており、プランテーションや精製所**（右）**は、熱帯地方の貧しい農村部に貴重な雇用機会を提供している。サピ農園の労働者の大半はインドネシア人で、男性は伐採や収穫などの重労働に就き、女性は保護具を着用して肥料や農薬を散布する**（上）**。しかし、このような大規模な単一栽培には、地球上で最も生物多様性の豊かな森林を容赦なく伐採する必要がある。1997年から2006年にかけて、年間約3800㎢以上もの森林が破壊されていた。炭素を多く含む泥炭地を伐採し続けたことでインドネシアは世界3位の温室効果ガス排出国となったが、パーム油に対する世界的な批判により、伐採率は大幅に低下した。サピのような大規模プランテーションは、持続可能な生産方法に関する国際基準を遵守していると主張しているが、これらの基準には依然として議論の余地がある。撮影：2016年12月

500キロメートル近い石壁が、アラン諸島のひとつであるイニシュマン島の険しい景観を縫うように広がっている。この島ではアイルランドの農民たちが太古の昔から畑の石を取り除き、砂や海藻を運び入れて薄い土壌をつくり出し、羊や牛の牧草地や、16世紀以降は写真に見られるようなジャガイモ畑をつくり上げてきた。どの時代でも生活は厳しかったが、この環境への影響が少ない伝統的な農業によって、島の希少な植物の多様性は保たれている。ゴールウェイ湾に浮かぶアラン諸島の3つの小島の土地の約75%が、EUの最高レベルの保護区である「特別保護地域」に指定されている。アメリカの農業政策がトウモロコシや大豆といった単一作物を栽培する大規模農場を支援する傾向がある一方で、EUの共通農業政策（CAP）はイニシュマン島で見られるような小規模農家を支援している。島では補助金により、生物多様性と職人的な農業の維持が可能になっている。EUにはアメリカの5倍の農家がいるが、農場の平均面積は40エーカーに満たない。これは、アメリカの農場の平均面積の10分の1だ。撮影：2022年6月

ルワンダのヴィルンガ山地にある火山国立公園のすぐそばまで、小規模農家の小麦畑が広がっている（**上、および14～15ページ**）。この地域は、世界に残るマウンテンゴリラの最後の生息地である。公園があるのはアフリカで最も人口密度が高く、貧困が深刻な地域のひとつであり、1㎢あたり約540人が暮らしている。このため、薪の採取や野生動物の密猟など、公園の資源に対する負担がかなり大きい。しかし、保全活動と地域開発プロジェクト、公園の観光収益の分配によって、状況は大きく改善されている。政府および非政府系の保全団体は学校を建設し、燃料効率の高い調理用コンロを提供し、周辺の村の農民がより多くの食料や、お茶などの野生動物に食べられない換金作物を栽培できるよう支援している。土地資源をめぐる紛争、さらには大量虐殺に苦しんだ経験のあるこの地域で、今ではゴリラと農民の双方が利益を享受している。撮影：2005年2月

中国福建省の中規模沿岸都市である霞浦に新たに建設された30階建ての高層マンションの足元にある小さな畑で、農民が毎年借りている畑に水を撒いている。中国の習近平国家主席は、2013年に政権に就いて以来、食料自給と農地保全を優先課題として掲げてきた。しかし、同国は2009年以降の10年間で年間約7万5000㎢もの耕作可能地を、侵食、塩害、そして急成長する不動産開発によって失い続けてきた。この数字は、アイルランドまたはオーストリア全土を失うのと同じだ。さらなる懸念として、中国に残る耕作地の3分の1が劣化している。習近平はたびたび「中国人民の器には中国産の米が盛られるべきだ」と主張してきたものの、中国は2004年以来農産物の輸入が輸出を上回っており、現在では世界最大の肉類、穀物、乳製品の輸入国となっている。撮影：2013年10月

シコ・クレーターの中にある、メキシコ革命後に割り当てられた共同所有地であるエヒードで、農家は今も伝統的なトウモロコシや豆を栽培している。だが、この古代の火山は拡大するメキシコシティに呑み込まれつつある。メキシコシティの中心部は約30キロ離れた場所に位置し、国内各地からより良い仕事や生活を求めて移住した人を合わせて2000万人以上の住民を抱える都市圏は、世界で5番目に大きい。これは世界的な現象であり、2007年には国連が、世界の都市住民数が農村住民数を初めて上回ったと発表した。研究者たちは、2020年から2030年の間に、都市化によって世界の農地の1.8%～2.4%が失われると予測している。つまり、より少ない農地と農民によって、より多くの都市住民を養う必要が生じるということだ。撮影：2021年9月

農業と開発のバランスを取るという中国の課題を、これほど象徴的に示す都市は昆明をおいて他にないだろう。昆明は雲南省の省都であり、古代のシルクロード南部の中継地であった。この地域は湿潤で温暖な気候に恵まれ、1年を通じて野菜の生産が可能なことで知られている。この20年間で、昆明の人口は240万人から850万人へと増加した。その主な要因は、より良い仕事を求めてこの中国南部の産業と園芸の中心地に移住してきた地方出身者だ。今では、果物や野菜、切り花を栽培する筒型の温室が、西洋風の郊外住宅地と場所を争っている**（左）**。ソンミン・ティエンズ野菜協同組合の温室では、都市労働者たちが、発泡スチロールシートに植えた野菜の苗を養液の上に浮かべて栽培している**（上）**。2018年までに、中国人口の半数である7億人以上が中所得層（1日当たりの支出が10〜50米ドル）と見なされるようになり、生活が向上したことで食事や住宅の嗜好が西洋諸国に近づいている。中国における肉の消費量は1990年代初頭から3倍になり、さらに脂肪、塩分、加工ジャンクフードの摂取量が上がったことで、心臓病、糖尿病、そして小児肥満が目に見えて増えている。撮影：2017年4月

中国江蘇省の盱眙県では、スパイスの利いた甲殻類を味わうために、毎年恒例のザリガニ祭りに数千人が集まる。中国の稲作農家は何千年も水田でコイを養殖してきたが、北アメリカ原産のザリガニが導入されたのは1920年代になってからだった。当初、ザリガニは有害な外来種とみなされていたが、1990年代後半に研究者たちが「ザリガニ・稲作統合生産システム」を開発し、農家はその恩恵を受け始めた。ザリガニは稲の切り株を餌とし、残留する害虫を駆除するとともに排泄物で水田に栄養を与えるため、化学肥料や農薬の使用が減少する。この優れた持続可能な生産システムは多栄養段階農業の一例であり、650億ドル規模の産業へと成長した。これにより中国は世界最大のザリガニ生産国となり、農民の収入を増加させると同時に、国全体に新たなタンパク源をもたらしている。撮影：2016年6月

中国鄭州にある冷凍餃子工場の生産ラインで働く労働者たち。この工場の所有者である三全食品社は、冷凍餃子市場を独占している。中国の消費者は最近まで冷蔵技術の恩恵にあずかることができず、可能な限り新鮮な肉や農産物を見つけて家庭で調理していた。しかし、中国人の所得の急増と最新設備の普及、ストレスの溜まる工場やオフィスでの仕事、さらにはコロナ禍のロックダウンによって、伝統的な豚肉とキャベツの餃子から冷凍ピザまでの冷凍食品の売り上げが急激に伸びた。それでも、超加工食品が成人の食事の約60%、子供の食事の約70%を占めるアメリカにはまだ及ばない。世界的に冷凍の超加工食品の摂取量が増加していることは、地球規模で健康に影響を与えている。こうした食生活が心血管疾患、糖尿病、さらにはさまざまな種類の癌と関連していることを示す研究が、ますます増えているのだ。撮影：2016年7月

2012年に建設された、イタリアのルッピアーノ・ディ・ソリニャーノにあるバリラ・グループの高効率ソース工場は世界最大級の施設であり、毎年6万トンのトマトソースやペストソースを製造できる。この日製造していたのは、赤ピーマン、タマネギ、チリペッパー、塩、砂糖を巨大な容器で調合し、さらにペコリーノ、リコッタ、グラナ・パダーノなどのチーズを加えたスパイシーなペスト・カラブレーゼ。バリラは1877年にイタリアのパルマでパンとパスタの店として創業した家族経営の企業だが、現在では世界最大級のイタリアの食品会社となっており、同社のパスタやソースは100ヵ国以上で販売されている。パスタソースは、1930年代に自家製から工場での大量生産へと最初に移行した食品のひとつで、地方料理を国際的な定番料理へと変貌させた。撮影：2018年4月

インド、ラージャスターン州ニームラーナにあるパール工場の労働者たちが、世界で最も売れているビスケット「パーレG」を製造している。1939年に輸入されていたイギリスの紅茶用ビスケットの安価なインド版として生産されたこの製品は、現在ではインド文化の象徴的存在となり、100を超える国々で人気を博している。推定では、毎秒4500個のパーレGビスケットが消費されているという。多くのインド人にとって、このビスケットはすばやく低コストで摂取できる重要なカロリー源である。1パック11枚入りが6セント（米ドル）で販売され、250キロカロリーを摂取できる。2023年に中国を抜いて世界で最も人口の多い国となったインドは、14億人以上の人口を抱える一方で、世界の栄養不足者の4分の1を占める国でもある。さらに、人口の5分の1が1日2ドル未満で生活している。過去20年間で国民1人あたりの所得は3倍になったものの、政府は8億人に食料を補助しなければならない状況にある。世界の食料問題の大きな課題のひとつは、富裕層と貧困層の双方を支えることだ。2015年に世界の指導者たちが、2030年までに世界の飢餓をなくすことを目標とした国連の持続可能な開発目標（SDGs）の2番を採択した当時、地球上には推定7億9500万人の栄養不足者がいた。しかし2023年には、その数が8億2800万人に増加している。撮影：2022年3月

ブルターニュ地方のセルヴォン＝シュル＝ヴィレーヌにある、ヨーロッパ最大級の商業用パン工場のひとつであるブリドール工場では、終わりなくクロワッサンがコンベアの上を流れていく。地元のパン屋から毎日焼きたてのパンを購入する人が75%にも達するほどパンにこだわることで有名なフランス人でも、冷凍されてレストラン、ホテル、小さなパン屋へと輸送され、現地で焼き上げられる"大量生産クロワッサン"を受け入れている。こうした工場製クロワッサンは現在市場の70%から80%を占めており、パン職人の手で丁寧に巻かれたクロワッサンよりも最大で75%も安い。しかし、フランスの伝統的なパン職人たちは明らかに味の違いがあると主張し、この傾向に抗おうとしている。「私たちは職人としてパンを焼き続けなければならない。さもなければ、この仕事をする意味がどこにあるのだろう？」2014年にNPRの記者に対し、あるパリのパン屋の店主はそう語った。撮影：2022年9月

Hacker-Pschorr
Himmel der Bayern
Boxe 19
Boxe 20
Boxe 18
Boxe 17

ミュンヘンのオクトーバーフェストでは、ハッカー・フェストツェルトのビールテントで、豪華な料理やビール、バイエルン音楽に囲まれてお祭り騒ぎが繰り広げられる。この2週間にわたるお祭りには世界中から600万人以上の訪問者が集まり、約150頭分の牛肉、50万羽の鶏肉、40万本以上のソーセージが消費されるほか、山のようなジャガイモ、ザワークラウト、シュペッツレが提供される。そしてそれらは、ドイツ人が愛する泡立つビール約680万リットルで流し込まれるのだ。農業の気候への影響を調査した2018年の画期的な研究によれば、世界的な気温上昇を2度未満に抑え、地球規模での気候変動を防ぐためには、裕福な西洋諸国の人々が赤身肉の消費量を約90%削減する必要があるという。オクトーバーフェストのような伝統行事はさておき、ドイツはその先頭に立っている。2022年、ドイツの1人あたりの肉の消費量は1年で53キログラムに減少した。これは過去30年以上で最低の水準であり、フランス、スペイン、オランダ、イタリアよりも低い数値だ。その背景には、ベジタリアンや肉の消費を抑える“フレキシタリアン”の若者が増えていることがある。撮影：2022年10月

インド、パンジャーブ州アムリトサルにあるスリ・ハルマンディル・サーヒブ、通称ゴールデン・テンプルでは、あらゆる人種、階級、宗教の人々が無料の温かい食事を楽しむことができる。この礼拝所はシク教徒にとって最も神聖な場所であると同時に、世界最大の共同厨房でもある。この施設では24時間365日、10万人に無料の温かい菜食料理を提供している。食事のメニューは、ロティ（インドの平たいパン）、米、カレー風味の野菜料理、ダール（レンズ豆のスープ）などで、薪を使った巨大な大鍋で4トン単位で調理される。これらの食材は寄付によって賄われ、調理や配膳の大部分はボランティアが担当している。このようなランガルはすべてのシク教寺院に存在しており、慈善活動の一環として、世界中で推定700万食の無料の食事を毎日訪問者に提供している。1970年代、インドのパンジャーブ州はアジアにおける「緑の革命」の中心地であった。この地では、シク教徒の農民たちが高収量品種の小麦、米、綿花、化学肥料や農薬、大規模な灌漑を積極的に取り入れ、穀物生産量を3倍に増やし、この地域をインドの穀倉地帯へと変貌させた。しかし、多くのボリウッド映画にも描かれた繁栄の時代から、困難な時代へと変わりつつある。収穫物の価格低下、肥料やその他の農業用品の高騰、50年にわたる集中的な単一栽培による地下水の汚染が重なり、州全体で負債が重なるとともに健康危機が起こっている。これからの数十年で、インドは緑の革命の生産性を維持しながら、負の側面を回避する方法を学ばなければならない。さもなければ、ゴールデン・テンプルの料理人たちは、さらに多くの人々を養わなければならないだろう。撮影：2021年10月

ニュージャージー州ニューアークにある廃製鋼場を利用した屋内農業企業エアロファームズ社のフロアを従業員が行き交っている**(上)**。同社は、LEDライトと空中栽培でさまざまなマイクログリーンを栽培している。土を使わない育成床に種子を植え、栄養をスプレーで与える手法だ。過去20年近くにわたり、このような垂直農業は業界を変革する技術であり、地球の食料問題を解決する持続可能な方法として注目されてきた。食料工場は農薬を一切使用せず、従来の灌漑で使用する水のほんの一部で、都市近郊において年間を通じて収穫できる高収量で栄養豊富な野菜を生産できると考えられていた。このような企業は東京からドバイに至るまで世界中で次々に誕生したが、短期間で閉鎖に至っている。水の汲み上げやLED照明の使用に多大なエネルギーを消費し、二酸化炭素排出量も多くなるためだ。さらに、ほとんどの垂直農業企業が生産しているのは価格の高いマイクログリーン**(右)**。低栄養・低炭水化物の野菜で、世界のカロリー供給に占める割合はごくわずかだ。世界の摂取カロリーの大部分は小麦、米、トウモロコシ、大豆という4つの主要な野外作物から供給されており、これらは無料の太陽光と雨を利用している。エアロファームズ社は創業から19年経った2023年に米連邦破産法第11条の適用を申請した。撮影：2015年5月

ペルーのカラルで新大陸最古の文明を研究する考古学者のルース・シャディ・ソリスが、初期のトウモロコシの穂と現代の種を比較している。現代の作物はすべて過去1万2000年以内に野生の植物から飼料化され、1990年代に遺伝子組み換え作物（GMO）が議論を呼ぶようになる遥か以前に、初期の農民たちによって遺伝的に改良されてきた。遺伝子考古学者たちは、トウモロコシが約9000年前にメキシコ南部で、低地に自生する野草であるテオシントから飼料化されたと考えている。農民たちは各収穫物から最良の植物を選んで交配を繰り返し、次の季節に植えることで、今日では地球の多くの人々や家畜を養い、さらにはバイオエタノールで車を動かす作物をつくり上げたのである。このような作物の飼料化や動物の家畜化という古来のプロセスは、チャールズ・ダーウィンが自然選択による進化の理論を構築するきっかけにもなった。幸いなことに、多くの主要作物の祖先は今もなお生き残っており、洪水耐性、干ばつ耐性、病害耐性など、温暖化が進む不安定な気候において有用な遺伝子を含んでいる可能性がある。撮影：2001年7月

トーステン・シュヌルブッシュ博士は”奇跡の小麦”と呼ばれる自然発生の突然変異種を調べている。この種は複数の分枝穂を持ち、穂をひとつしか付けない市販の品種に比べて、1本の茎からより多くの小麦を生産できる**（上）**。小麦は世界のカロリーとタンパク質の20％を供給しており、研究者たちの推定によれば、2050年までに今よりも年間2億2400万トンから3億5900万トン多く生産しなければならない。しかし、小麦の栽培に適した土地はほぼ限界に達しており、生産量を増やすには収量を増やすしかない。だが、ここ数十年にわたり横ばい状態が続いている。ドイツのライプニッツ植物遺伝学・作物学研究所（IPK）の植物遺伝学者であるシュヌルブッシュ博士は、突然変異種や在来品種の遺伝子を使い、小麦の遺伝子構造を変えて茎1本あたりの収量を増やすことでこの壁を突破しようとしている。IPKはヨーロッパ最大の種子銀行（シード・バンク）を管理しており、6万6000種以上の独自の穀物品種を収蔵している。最も古いものは1908年にまで遡る**（右）**。撮影：2016年4月

ノースカロライナ州リサーチトライアングルパークにあるモンサント社の未来的な研究所と自動温室で、研究者のトーニャ・ライルズがゲルに浸ったシロイヌナズナを覗き込んでいる。シロイヌナズナのゲノムはシンプルで完全に解読されているため、現代の植物育種家にとって植物版の”実験用ラット”のような存在だ。トウモロコシのゲノムはシロイヌナズナの19倍、小麦にいたっては128倍（人間の5倍）にもなる。1901年に設立された大手の化学・種子企業であるモンサント社は、農家向けの画期的な遺伝子組み換え作物（GMO）を世界で初めて開発した。たとえばモンサントが広く使用していた除草剤「ラウンドアップ」に耐性を持ち、複数の害虫に致命的な効果をもつバチルス・チューリンゲンシス（Bt）細菌を組み込んだトウモロコシ、大豆、綿花などだ。これらの新しい作物は農家の労力、燃料、土壌消費量の削減につながったものの、”フランケンフード”と呼ばれて世界的な批判を受けた。モンサントのGMOはその勢いを失いつつあり、ラウンドアップ耐性の雑草や、Bt耐性の害虫が再び農家の畑を脅かしている。2018年、同社は製薬大手のバイエル社に買収され、「モンサント」という名前は消滅した。GMOは米国食品医薬品局（FDA）から安全性を認められているが、ヨーロッパの大部分、ロシア、アフリカでは禁止されている。しかし、21世紀の農業が直面する課題は非常に大きく、研究者たちはどんな技術にもすがろうとしている。そのため、次世代のGMOに対する期待は大きい。撮影：2013年11月

一般的なデルモンテ・ゴールドパイナップル（**写真の右**）と並べると、近縁種である「ピンクグロー」（または「ロゼ」）との色の違いは明らかだ。ピンクグローは2020年に生産され始めた遺伝子組み換え作物（GMO）のパイナップル。デルモンテの育種家たちはデルモンテ・ゴールドパイナップルの遺伝子を操作し、リコピンの含有量を増やした。リコピンは抗酸化作用があり、一部のがんのリスクを減らし、コレステロールを下げると考えられている。また、この改良で甘みが増し、酸味は少なくなった。輝くようなピンク色は特許取得済みだ。当初、このパイナップルは1個49ドルという驚くほどの高値で販売されていたが、現在はデルモンテ・ゴールドの約2倍の10ドル程度にまで下がっている。批判側の主張は、健康のためというよりもデルモンテ社の利益のために目新しい種が作られたに過ぎないというものだ。しかし、このGMOは同じく健康を目的として作られた過去のGMOほど批判を受けることはなかった。2000年には植物遺伝学者たちが「ゴールデンライス」の生産を開始した。ビタミンAを強化した品種で、発展途上国で猛威を振るうビタミンA欠乏症を根絶することを目的としていた。この病は失明や貧血の原因となるだけでなく若年での死亡に至る場合もあり、世界の5歳未満の子供の約30%が罹患していると推定されている。しかし、20年にわたる反GMO活動家たちの激しい反対や訴訟、収量の低さが相まって、その目的は果たされていない。ゴールデンライスを大規模に導入することを承認したのはフィリピンだけだが、フィリピンの農家の間でも依然として強い反発が起こっている。撮影：2021年1月

約21メートル、重量30トンの世界最大の農業ロボット「フィールド・スキャナライザー」が、気温47°Cという暑さのアリゾナ州マリコパでヒマワリの試験区画を移動し、アリゾナ大学の研究者が高温や干ばつに対する作物の反応を調べる手助けをしている。予測される気候変動がすでに影を落としているアリゾナで、スキャナライザーは各植物の画像を何千枚も撮影し、機械学習とAIを活用して、最も少ない水量で太陽光をバイオマスや穀物に変換する効率が高い植物を特定するために役立っている。このプロジェクトの最終目標は、ヒマワリやソルガム、小麦、さらにはレタスなどの耐熱・耐乾燥性品種を世界の農家に提供することだ。「このプロジェクトで、人々に栄養価の高いカロリーを持続的に提供できることを願っています」研究を指揮するデューク・ポーリ博士（スキャナライザーの下の脚立に立つ人物）は『ウォール・ストリート・ジャーナル』紙にそう語った。「このプロジェクト全体としての目標は、人類の生活を向上させることです」撮影：2021年6月

国際半乾燥熱帯作物研究所(ICRISAT)の労働者たちは、トウジンビエ畑の除草を終えた後で写真撮影に応じた(**上**)。インドのハイデラバード近郊にあるこの研究所は、1972年にインドの伝説的な植物育種家M.S.スワミナサン博士の協力を得て設立された。南アジアで穀物収量をほぼ4倍にすることに成功した後、スワミナサンとその同僚たちは他の作物にも注目した。ソルガム、キビ、ヒヨコマメ、キマメ、落花生など、アジアとアフリカの灌漑されていない土地で自給自足の農家が栽培し、世界の貧困層の多くを養っている農産物だ。現在、ICRISATは約150ヵ国から集めた12万以上の品種を保存する遺伝子バンク(**右**)を管理している。2023年に98歳で亡くなったスワミナサンは、緑の革命の恩恵について率直に語る一方で、それが水や土壌、環境に及ぼした深刻な悪影響についても警鐘を鳴らしていた。長いキャリアの晩年、スワミナサンは“常緑の革命”を提唱し、それについて「生態系や社会に害を及ぼすことなく、生産性を永続的に向上させること」だと書いた。飛躍的な食料生産の向上から半世紀が過ぎた現在ほど、その必要性が高まっている時代はないだろう。撮影:2021年10月

写真家によるあとがき
10年間の取り組み
ジョージ・スタインメッツ

本書のプロジェクトが始まったのは2013年のことだった。『ナショナル・ジオグラフィック』誌から、「地球に過度な負担をかけずに未来の人類の食料を確保する方法」に関する写真を撮ってほしいと依頼されたのだ。専門家たちは、人口増加と急速に発展中の国々のタンパク質需要に追いつくためには、2050年までに世界の食料供給量を2倍にする必要があると予測していた。

当時の私は、産業化された現代のごく一般的な人間だった。驚くべきことに、世界で食料生産に関わる人は人口のわずか2%に過ぎず、その分野について私はほとんど何も知らなかったのだ。それまでに『ナショナル・ジオグラフィック』誌の取材を30回ほどこなしていたが、この取材のためにまもなくカンザス州南西部のフィニー郡の刑務所に身柄を拘束されることになり、5つの海、27のアメリカの州、36の国々を巡る10年間のいわば執念の旅に出ることになるとは、この時は思いもしなかった。なかには何度も訪れた国も少なくない。

過去の空撮の仕事のために、動力付きパラグライダーを使い、砂漠地帯を俯瞰で撮影する手法を考案していた。担当編集者であるデニス・ディミックは、足を使って離陸して低空を飛ぶ装置があれば、ユニークな視点で農地を撮影できるかもしれないと考えた。それまでの空撮の経験から私もまた、大規模農場（メガファーム）を被写体にすれば面白いものが撮れるだろうと確信していた。果てしなく続く作物や家畜が規則的な模様を描き出し、80億人を養うという課題が視覚的に見えてくるはずだった。そのために、私は次の3つの国に焦点を当てることにした。世界で最も産業化された食料システムを持つアメリカ、最も急速にシステムが成長しているブラジル、そして当時最も人口が多く、最大の食料輸入国であった中国だ。デニスは6ヵ月の期間を設け、まもなく始まるカンザス州の小麦の収穫から撮ることを提案した。

そこで、カンザス州の大規模農家ブライアン・ヴルガモアに出会った。彼は小麦畑の管理のために小型の飛行機と滑走路を所有していた。ブライアンがパイロット付きで飛行機を貸してくれたので、私はカンザス州南西部の乾燥した平原を飛びながら、興味深い光景を探すことができた。その地域には数多くの家畜肥育場が点在しており、特にブルックオーバー牧場の肥育場が目を引いた。そこは、オガララ帯水層の水を利用する飼料用農地の緑の円に囲まれていたのである。

ブライアンの飛行機は速すぎて撮影には向かなかったので、自分の動力付きパラグライダーでブルックオーバー農場を撮り直すことにした。6月の暖かな朝、私は円形農地に近い荒地から、日の出とともに助走をつけて離陸した。それから30分ほど経ったころ、アシスタントのジャン・ウェイから無線で連絡があった。肥育場の管理者がかなり怒っていて、降りて撮影の許可を取るように求めているという。ウェイは私のしていることを説明し、私は1時間ほどして着陸した際に話を

ジョージ・スタインメッツ（左）とチャン・ウェイ（右）の容疑者写真（マグショット）
（2013 年6月28日。写真提供：フィニー郡の保安官事務所）

すると申し出たが、管理者は「今すぐ着陸しなければ保安官を呼ぶ」と脅してきた。私は朝の柔らかな光が射すわずかな時間に撮影することに集中していたし、アメリカでは空撮に許可は必要ないことを知っていた。空は誰の所有地でもないのだ。そこで、無線で「ここは自由の国じゃないか!」と返答した。1時間ほどして着陸すると、ウェイと私は"不法侵入"の罪で逮捕された。保安官代理は飛行装置、車、カメラを押収し、手錠をかけてフィニー郡の刑務所へ連行した。保釈金を支払って釈放されるまでに、そこで4時間を過ごさなければならなかった。なぜ拘束する必要があったのかを保安官に尋ねると、ブルックオーバー農場は農産物に危険が及ぶことを懸念していたとのことだった。これには少し違和感があった。カンザス州の田舎はとても安全に思えたからだ。それまでにリビアやイラン、中国などの警備が厳重な国で何度もパラグライダーを飛ばし、警察官や兵士に拘束された経験もあったが、刑務所に入れられたのは初めてのことだったのだ。

保安官には起訴に足る証拠がなかったため、私たちに対する容疑は取り下げられた。しかし、この出来事を通じて、世界の食料システムには人々に見られたくない部分があることに気づかされた。そこにはもっと大きな物語が、予想よりも多くの層を成して存在していると感じたのだ。次の取材先はブラジルのアマゾンで、熱帯雨林が農地へと姿を変える様子を記録するのが目的だった。それこそが、ブラジルが世界で最も急成長している食料輸出国となった大きな要因である。森林を伐採して牛の放牧地や大豆畑にするためには、違法に森林火災が起こされていることが多い。そこで私は乾季の最盛期に1週間の予定で小型の高翼機をチャーターし、この広い辺境の地で密かに行われる一大ビジネスを撮影することにした。

アマゾン川からマットグロッソ州に向かって南下する途中、最近農地に転換された土地が新しいメガファームの建設に利用されていることに気づいた。その多くはかつて森林が広がっていた場所で、面積は260㎢を超える。ブラジルのアマゾンは、アメリカの農村地帯とはまったく違っていた。アメリカでは小規模な家族経営の農場が数十年にわたって統合され、労働力が巨大な農業機械に置き換えられ、地方の町が衰退している。ブラジルの新しい農場はまるで都市のようで、住居、食堂、ガソリンスタンド、修理工場、滑走路までが揃っている。安価な土地と灌漑なしで年間2回の大豆収穫が可能な気候を活かし、ブラジルの森林サバンナ"セラード"では世界で最も低コストで大豆が生産され、そのうちの70%は中国に輸出されている。

大豆収穫作業員
(ブラジル、ピラティン大農場、撮影:2022年4月)

アマゾンから出るための道路は整備が行き届かず、主要な海港であるサントス港は1900キロ以上も離れている。そこで大手の食品企業は大規模な養豚場や養鶏場、そして食肉処理場を建設し、世界で最も安価な大豆をより価値が高く、輸出しやすい動物性タンパク質に変える仕組みを整えた。カンザス州とは異なり、ブラジルの農業起業家たちは、最先端の食品生産施設を撮影したいという申し出を快く受け入れた。家畜農場や食肉処理場の産業デザインは驚くべきものだった。やがて私は次のように考えていた。「一体どうやって1日に17万羽の鶏を解体するんだ？それに、殺された鶏はどこへ行くんだ？」大量に解体される冷徹なまでの効率性に、私はすっかり心を奪われていた。

サントス港から、私は大豆の行き先を追って中国の張家港市に向かった。そこは大豆の輸入専用に設計された港であり、輸入された大豆のほとんどは家畜飼料として使われる。14億人の人々がますます多くのタンパク質を求める中国の食品工場の規模は、ブラジルをも凌ぐほどだった。中国では過去20年にわたり数多くの食品安全問題が発生しており、管理を容易にするため、多くの食品生産施設が衛生的な巨大工場に統合されている。世界の人口の約20%を占めながら、耕作可能な土地は全体の9%にも満たない中国は、海に食料を求め始めている。沿岸地域はすでにほぼ乱獲されているため、中国は国際水域で操業する世界最大の漁船団を組織し、7つの海を股にかけて漁を行っている。中国東海岸の浅瀬は、沖合何キロにもわたって広がる養殖場へと姿を変えており、まるで海上都市のようだった。エビの養殖場では、魚の餌のほとんどがペルー産のカタクチイワシであることに気がついた。ペルーのカタクチイワシ漁は、重量ベースで世界最大の商業漁業である。「ペルーのカタクチイワシ」をグーグルで調べてみたところ、ペルー産のカタクチイワシのほぼすべてが粉砕されて魚粉や魚油に加工され、養殖場や家畜農場で飼料として使用されていることがわかった。しかも、そのうちの80%が中国へ輸出されていた。

世界の食料供給について撮影するために6ヵ月の期間を与えられていたものの、すぐにそれでは表面をなぞることしかできないと気づいた。そこで、依頼された仕事が終わった後もさらに掘り下げ、本当に世界全体を対象としたプロジェクトにしようと決意したのだ。

最初の数年間は世界最大級の食料生産者ばかりに目を向けていたが、それだけでは全貌を捉えられないことに気づいた。旅を続けるうちに、同じ食料が異なる仕組みで生産されていることに興味を持つようになった。たとえば砂糖は、ブラジルでは広大な農園で生産されており、そうした農園の中には家族経営の企業が運営する500㎢を超える農場もある。一方で、世界第2位の砂糖生産国であるインドでも同じ規模の製糖工場を訪れたが、そこでは平均2エーカーにも満たない農地を持つ8万の農家がそれぞれ砂糖を供給していた。インドの多くの州では農地面積を制限する法律があり、小規模な農地を統合して巨大農場にすることは不可能なのだ。

中国では国がすべての土地を所有しており、農民は自分の区画を耕す権利を持つだけで、土地を売ることはできない。一方、サハラ以南のアフリカの多くの国では、農地が細分化されて所有権も複雑なため、大規模農業を行うのが現実的ではない。農業の実情がこれほど入り組んだものだとは、まったく知らなかった！

時が経つにつれ、私たちのもとに食料を届けてくれる、密接に絡み合った世界的なネットワークの存在を実感するようになった。たとえば、パーティーでプレートから手に取るシュリンプ・カクテルを思い浮かべてみてほしい。それがコストコで購入されたものであれば、ベンガル湾沿岸で

パラモーターの飛行点検
(中国、撮影：2016年9月。撮影者：シャオ・リー)

紅河ハニ棚田を撮るスタインメッツ
(中国、撮影：2017年4月。撮影者：シャオ・リー)

養殖され、日給8ドルで働く若いインド人女性によって手作業で殻をむかれたエビである可能性が高い。そこで育ったエビの餌はタイの大手企業が製造したペレットで、そのペレットはペルー産のカタクチイワシの魚粉にオーストラリア産の小麦とブラジル産の大豆を混ぜて作られている。ブラジル産の大豆の大部分は、アマゾン川流域の森林伐採地から供給されている。ある種類のカロリーを別のカロリーに変換するという観点では、水産養殖は非常に効率的だ。養殖エビ約450グラムを生産するのに必要な天然の魚は約360グラム（魚粉や魚油に加工され、植物性の飼料と混ぜられる）。肉の場合、食料変換コストははるかに高く、鶏肉では1.6〜2、豚肉では2.7〜5、牛肉では6〜10倍の重さの飼料が必要となる。

食料需要の高まりを現在の農業でどのように満たすのかを知るために、私はいくつかの植物研究所を訪れた。ドイツでは、植物遺伝学の先端機関であるIPKで数日を過ごし、科学者たちが遺伝子工学の最新技術を用いてより収量が多く栄養価の高い品種を開発している様子を見学した。彼らは遺伝的素材として43万点の植物標本を利用できるが、これはEUで最大の食用植物のコレクションだ。標本を見て知ったのは、驚くほど収穫の効率性が向上されてきたということだった。IPKが最も古い標本を収集したのは1908年。それ以来、ドイツの農家は遺伝子改良、肥料の散布、農機の進歩により、穀物の平均収量を600%以上増加させてきた。

インドのハイデラバードに拠点を置く国際半乾燥熱帯作物研究所（ICRISAT）でも、食料開発への強い情熱を目の当たりにした。ここでは、国際的な農学者のチームが、キビ、ヒヨコマメ、落花生といった熱帯の食用作物の生産性と耐性を向上させることに取り組んでいる。これらの作物は、産業化された世界ではあまり注目されたり投資されたりすることがない。しかし、アジアやアフリカの乾燥地帯では重要な主食であり、20億人以上の自給自足農家が、食料不足に苦しむ家族を養うためにこれらの作物に依存しているのだ。多くの小規模農家は、劣悪な土壌や灌漑設備の欠如、さらには肥料や最新の農業機械を利用できないといった問題を抱えている。ICRISATの研究は、新しい種子品種や技術に焦点を当て、深刻な干ばつや害虫被害の中でも熱帯作物の収量と耐性を改善することを目指している。私が見た献身的な科学者たちは、増大する食料需要に追いつけるのだろうか？　それは誰にもわからない。しかし、これまでの歴史が示しているように、イノベーションを起こす人類の力を侮ることは決してできない。

この本を作るきっかけとなったのは、自分自身の好奇心を満たし、多くの人が見ることを許されていない食料システムの一端を覗いてみたいという思いだった。しかし、この写真を撮る過程で、私たちの食の選択が与える地球規模の影響、そしてなるべく食物連鎖の下位にあるものを食べることの重要性に気づかされた。発展途上国の人々が、現在の先進国の人々と同じ量の肉、魚、乳製品を消費するようになれば、残されたわずかな自然と野生動物は姿を消してしまうだろう。私はヴィーガンでもベジタリアンでもない。また、このプロジェクトを始めたときに栄養学的あるいは政治的な信念を持っていたわけでもない。民主主義社会におけるジャーナリズムの役割は、解決策を示すことではなく、洞察と情報を提供することだと私は信じている。しかし、10年にわたるプロジェクトから得た結論は、持続可能な未来を築くためには自然資源の消費を減らすと同時に、食料システムの生産性を高める必要があるということだ。どうやってそれを達成するかは、我々のような個人や、日々食料を生産している革新的で勤勉な人々に委ねられている。私たちは1日3回、食事のたびに投票しているのだ。何を食べるかというその選択が、この地球の未来を大きく変えることになるだろう。

ドローンを操縦する筆者と子どもたち
（インドネシア、撮影：2016 年12月。撮影者：フェリー・ゲルニー）

国名・地名索引

ア

カ

サ

タ

ナ

ハ

マ

ヤ

ラ

謝 辞

この本は、エリック・ヒメルの支援と忍耐がなければ存在しなかった。彼はエイブラムス社の編集者であり、私が約10年前にこの執念のプロジェクトを提案した際に、その可能性を見出してくれた。エリックと作る本はこれで6冊目になるが、長年にわたり彼の鋭い指導と友情を得られたことを幸運に思う。

ジョエル・K・ボーン・ジュニアにも感謝を伝えたい。彼は、私が現地で書いた拙いキャプションを自身の知識とこれらの地域に関する調査を基にまとめ、本書に一貫した声と環境的な視点を与えてくれた。

マイケル・ポーランの画期的な著書『雑食動物のジレンマ： ある4つの食事の自然史』は、私たちの食べ物がどこから来るのかという複雑さについて、私の考えに大きな影響を与えてくれた。18年前にその著書からインスピレーションを受けた私の本に、彼が序文を書いてくれることを光栄に思う。

『Feed the Planet』は『ナショナル・ジオグラフィック』誌の依頼で始まったものであり、私をこの道へと導いてくれたデニス・ディミックとクリス・ジョンズに感謝している。私はまるでフォレスト・ガンプのようだった。走り出したら止まらず、ひたすら走り続けたのだ！　その記事に続いてさらに3つの『ナショナル・ジオグラフィック』の仕事があり、そこではスーザン・ゴールドバーグ、サラ・リーン、ホイットニー・ジョンソン、エリザベス・クリスト、ボーン・ウォレス、キャシー・モラン、ケイトリン・ヤーナル、ジェハン・ジラニ、エイミー・コルチャックに助けられた。

このプロジェクトでは、『ニューヨーク・タイムズ』紙からも大きな支援を受けた。特に日曜版『ニューヨーク・タイムズ・マガジン』誌のキャシー・ライアン、ジェイク・シルバースタイン、クリスティーン・ウォルシュ、そして新聞部のハンナ・フェアフィールド、マット・マッキャン、ダミアン・ケイブ、モード・ボドゥキアン、ガイア・トリポリ、モナ・ボシュナック、クレイグ・アレン、ミーガン・ルーラムに感謝している。
『ヴォーグ』誌のスザンヌ・シャヒーンとジョスリン・ザッカーマン、ピューリッツァー危機報道センターのジョン・ソーヤー、ブルームバーグ・メディアのクリントン・カーギルとドナ・コーエンにも感謝したい。ドイツのGEOでは、親友であるルース・アイヒホルンと、同僚のヴェニタ・カレプス、クリストフ・クックリック、ラース・リンデマン、ウタ・マクシンから多大な協力を受けた。『ル・フィガロ』紙のシリル・ドルーエとヴァンサン・ジョリーにも支援を受けた。『ガーディアン』紙のビビ・ヴァン・デル・ジーとフィオナ・シールズにも感謝したい。台湾の『ナショナル・ジオグラフィック』誌では、リー・ヨンシンが同国の入り口となってくれた。

出版各社からの資金援助と紹介状のおかげで現地に赴くことができたが、どこにいつ行くべきか、またどのようにその場所にアクセスするかを調べるのは別の問題だった。その点で、世界各地にいる友人たちに大いに助けられた。以下に彼らの名前を国別に列挙したいと思う。

アルジェリア：アブダラフマン・ダウディ、フアド・セディック。オーストラリア：トム・ドーキンス。バングラデシュ：ロン・アルシャド。ベルギー：タイタス・ヒセリンク、ガイ・ランブレヒツ、ブリット・ロジャー・サス、フレデリック・ロラン、ハンス・ファン・ロー、ビル・エチクソン、マリオン・ファン・オフェレン、ベアトリス・スパテス・ド・ラノイ。ブラジル：ロベルタ・ロセット、カルロス・カジュ、マルコ・ビアジ、エドガルド・ブレサニ。中国：チャオ・リー、ジャン・ウェイ、ジェンサン・ジア。コスタリカ：ハンス・ザウター。エチオピア：サムラウィット・モゲス、ベネディクト・カムスキ、シンタユ・ネビユ。フォークランド諸島：アレクサンダー・アルキプキン。フランス：マルタン・ゲイ、アントワーヌ・ジャコブソン。インド：サウラブ・トリパティ、ソウミャ・バウミック、バラン・マダヴァン、プラブ・ピンガリ、ジャクリーン・ヒューズ（ICRISAT）。インドネシア：アルディ・シンパラ、ジョード・ハモンド、フェリー・グルニー。イラン：マスード・モバッセリ、フーマン・ジョウカール、サム・サデギ、アラン・アルヌー。アイルランド：ヴィンセント・バトラー、エドモンド・ケイヒル。イタリア：ルカ・ディ・レオ、ヴァレンティーナ・ガスバリ、シェリー・ドハーティ。日本：クニオ・カドワキ。マリ：プティ・ムーサ・ギンド、アラン・アルヌー。モーリタニア：アリウン・シェイク、エリマーヌ・アブ・カネ、ディハヤ・ベルハビブ。メキシコ：アドリアン・ギジェルモ・アギラル・マルティネス、ヘクター・アビラ、アンドレア・グティエレ。オランダ：クリス・トアラ・オリバレス。ニジェール：モハメド・イクサ、フランソワ・ラガルド。ノルウェー：ゲイル・ホーレン。ペルー：クラーク・ローデン・エリクソン、フアン・カルデナス・カラスコ、エルネスト・ヒバハ。ポーランド：カシュペル・コワルスキ。ポルトガル：ジョアン・レイス、イザベル・リベイロ。サウジアラビア：スルタン・ビン・サルマン王子、モハメド・バヌーナ、アラン・アルヌー。セネガル：ウスマン・バルデ。ソマリランド：アリ・ジャマ・モハメド。南スーダン：ミシェル・ラ・プラス・トゥールーズ。スペイン：イニゴ・オナンディア、ハビエル・ビルガス、セバスティアン・サンチェス・ビジャスクラサス。スイス、イタリア、ドイツ：エリゼ・マリア・ケラー・ベーム。タイ：リン・ジレヌワット。イギリス：イヴ・ホースフォール、ジョセフ・アロウスミス。アメリカ：チャン・ウェイ、アンソニー・グリーン、ジャック・レブキン、クリス・グローテグート。ベトナム：ギアップ・エム。

農場、食品工場、家畜肥育場、食肉処理場に入ることは容易ではなく、食料を供給するためにそこで懸命に働いている人々が、カメラを持った見知らぬ人間を信頼してくれたことに感謝している。私が物語を公平に伝えたと、彼らが感じてくれることを願っている。

食料システムを記録するという私の執念に助言をくれた写真家の友人たちに感謝したい。特に、エド・カシ、マイク・ヤマシタ、ゲルド・ルートヴィッヒ、ニック・ニコルズ、ジム・リチャードソン、ブライアン・スケリー、フランス・ランティング、パスカル・メートル、カシュペル・コワルスキ、ジョディ・マクドナルドには特別な謝意を表したい。また、この広大なテーマを理解するための知的枠組みを授けてくれたヴァーツラフ・シュミル、ジェイソン・クレイ、ダニエル・ポーリーにも感謝する。

スタジオ・マネージャーのケリー・ヘスバーン、そして彼女の前任者であるジェシカ・リッチアルデロに感謝する。彼女たちはこのプロジェクトを整理し、軌道に乗せ、助言を与え、常に私を支えてくれた。

しかし、最大の感謝は25年にわたって私の長期不在に耐え、精神的な支えとなってくれた妻、リサ・バノンに捧げたい。私が被写体を追い続けている間、彼女は『ウォール・ストリート・ジャーナル』紙の編集者というフルタイムの仕事を続けながら、私たちの3人の子供、ネル、ニコラス、ジョンを育ててくれた。家族は、私が写真を撮るために世界中を飛び回ることを許してくれた。そして成長するにつれ、ジョン、ネル、ニックは私とともに現場に出向き、パラモーターのエンジンを引っ張って始動させたり、モンタナ州シェルビーで午前2時にホテルを探したり、一緒にオーストラリア人顔負けのスラングを覚えたりしてくれた。

——ジョージ・スタインメッツ

写真＝ジョージ・スタインメッツ
George Steinmetz

1957年、米国カリフォルニア州生まれ。スタンフォード大学で地球物理学の学位を取得後、アフリカをヒッチハイクで旅したのを機に写真の仕事を始めた。『ナショナル・ジオグラフィック』や『ニューヨーク・タイムズ』など、多くの有名誌で重大な社会問題に関する写真を発表しており、特に空撮を得意としている。写真集に『*New York Air*』、『*Human Planet*』、『*Desert Air*』、『*Empty Quarter*』、『*African Air*』がある。

文＝ジョエル・K・ボーン・ジュニア
Joel K. Bourne Jr.

ジャーナリスト。『ナショナル・ジオグラフィック』誌の社会部門の元編集主任。著書に『*The End of Plenty: The Race to Feed a Crowded World*』がある。

序文＝マイケル・ポーラン
Michael Pollan

作家、ジャーナリスト。ハーヴァード大学英語学部でライティング、カリフォルニア大学バークレー校大学院でジャーナリズムの教鞭をとる。著書に国際的ベストセラー『雑食動物のジレンマ　ある4つの食事の自然史』(2009年、東洋経済新報社)、『幻覚剤は役に立つのか』(2020年、亜紀書房)、『人間は料理をする』(2014年、NTT出版)などがある。ロイター&国際自然保護連合環境ジャーナリズム・グローバル賞ほか多数の受賞歴があり、2010年に「Time」誌の「世界で最も影響力を持つ100人」に選出された。

訳者＝樋口健二郎
ひぐち・けんじろう

翻訳者。栃木県足利市生まれ。日本大学法学部卒業。IT、スマートシティ、環境などをはじめとする様々な分野の実務翻訳に携わる。訳書に『フォトリアルCGで見る　世界のSDGsスマートシティ』『世界のLGBTQ+の歩き方』(原書房)がある。

First published in the English language in 2024
By Abrams Books, an imprint of ABRAMS, New York
ORIGINAL ENGLISH TITLE: FEED THE PLANET:
A PHOTOGRAPHIC JOURNEY TO THE WORLD'S FOOD

Japanese translation rights arranged with
Harry N. Abrams, Inc.
through Japan UNI Agency, Inc., Tokyo

空から見た　世界の食料生産
人口爆発、気候変動、そして「食」の未来

2025年4月28日　第1刷

写真	ジョージ・スタインメッツ
文	ジョエル・K・ボーン・ジュニア
訳者	樋口健二郎
ブックデザイン	永井亜矢子(陽々舎)
発行者	成瀬雅人
発行所	株式会社原書房 〒160-0022 東京都新宿区新宿1-25-13 電話・代表　03(3354)0685 http://www.harashobo.co.jp/ 振替・00150-6-151594
印刷	シナノ印刷株式会社
製本	東京美術紙工協業組合

ISBN 978-4-562-07535-5 Printed in Japan